青少年人工智能编程 启蒙丛书

3D创意编程

刘泽仁 易 强 周 芳 主 编

王志成 肖 杨 李 煜 龚运新 副主编

U0214835

清华大学出版社

北京

内 容 简 介

本书全面介绍3D图形化编程方法，选用有趣、实用的项目，以培养学生兴趣，提高立体思维能力。本书采用项目式体例编写，全书安排16个项目，以"红色"主题为主，将编程综合知识分布到各项目中，选择学练结合的编写方法，每个项目包含一个核心知识点，同时加强学科融合、五育并举，加强内容的应用和拓展，做到从易到难、循序渐进，全面提高读者深度思维能力。

本书可作为中小学"人工智能"课程入门教材，第三方进校园教材，学校社团活动教材，学校课后服务（托管服务）课程、科创课程教材，校外培训机构和社团机构相关专业教材，自学人员自学教材，也可作为家长辅导孩子的指导书。

图书在版编目（CIP）数据

3D 创意编程 . 下 / 刘泽仁，易强，周芳主编 .
北京：清华大学出版社，2024. 9. -- (青少年人工智能
编程启蒙丛书）. -- ISBN 978-7-302-67290-6

Ⅰ . TP311.1-49
中国国家版本馆 CIP 数据核字第 2024ZK9109 号

责任编辑：袁勤勇　杨　枫
封面设计：刘　键
责任校对：李建庄
责任印制：宋　林

出版发行：清华大学出版社
　　　网　　　址：https://www.tup.com.cn，https://www.wqxuetang.com
　　　地　　　址：北京清华大学学研大厦 A 座　　　　　邮　　编：100084
　　　社 总 机：010-83470000　　　　　　　　　　　　邮　　购：010-62786544
　　　投稿与读者服务：010-62776969，c-service@tup.tsinghua.edu.cn
　　　质量反馈：010-62772015，zhiliang@tup.tsinghua.edu.cn
　　　课件下载：https://www.tup.com.cn,010-83470236
印 装 者：三河市铭诚印务有限公司
经　　销：全国新华书店
开　　本：185mm×260mm　　　印　张：13　　　字　数：194 千字
版　　次：2024 年 9 月第 1 版　　　　　　　印　次：2024 年 9 月第 1 次印刷
定　　价：39.00 元

产品编号：103100-01

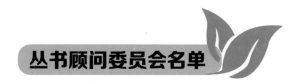

丛书顾问委员会名单

主　任： 郑刚强　陈桂生

副主任： 谢平升　李　理

成　员： 汤淑明　王金桥　马于涛　李尧东　龚运新　周时佐
柯晨瑰　邓正辉　刘泽仁　陈新星　张雅凤　苏小明
王正来　谌受柏　涂正元　胡佐珍　易　强　李　知
向俊雅　郭翠琴　洪小娟

策　划： 袁勤勇　龚运新

顾问委员会寄语

　　新时代赋予新使命，人工智能正在从机器学习、深度学习快速迈入大模型通用智能（AGI）时代，新一代认知人工智能赋能千行百业转型升级，对促进人类生产力创新可持续发展具有重大意义。

　　创新的源泉是发现和填补生产力体系中的某种稀缺性，而创新本身是21世纪人类最为稀缺的资源。若能以战略科学设计驱动文化艺术创意体系化植入科学技术工程领域，赋能产业科技创新升级高质量发展甚至撬动人类产业革命，则中国科技与产业领军世界指日可待，人类文明可持续发展才有希望。

　　国家要发展，主要内驱力来自精神信念与民族凝聚力！从人工智能的视角看，国家就像是由14亿台神经计算机组成的机群，信仰是神经计算机的操作系统，精神是神经计算机的应用软件，民族凝聚力是神经计算机网络执行国际大事的全维度能力。

　　战略科学设计如何回答钱学森之问？从关键角度简要解读如下。

　　（1）设计变革：从设计技术走向设计产业化战略。

　　（2）产业变革：从传统产业走向科创上市产业链。

　　（3）科技变革：从固化学术研究走向院士创新链。

　　（4）教育变革：从应试型走向大成智慧教育实践。

　　（5）艺术变革：从细分技艺走向各领域尖端哲科。

　　（6）文化变革：从传承创新走向人类文明共同体。

　　（7）全球变革：从存量博弈走向智慧创新宇宙观。

　　宇宙维度多重，人类只知一角，是非对错皆为幻象。常规认知与高维认知截然不同，从宇宙高度考虑问题相对比较客观。前人理论也可颠覆，毕竟宇宙之大，人类还不足以窥见万一。

探索创新精神，打造战略意志；

成功核心，在于坚韧不拔信念；

信念一旦确定，百慧自然而生。

丛书顾问委员会由俄罗斯自然科学院院士、武汉理工大学教授郑刚强，清华大学博士陈桂生，湖南省教育督导评估专家谢平升，麻城市博达学校校长李理，中国科学院自动化研究所研究员汤淑明，武汉人工智能研究院研究员、院长王金桥，武汉大学计算机学院智能化研究所教授马于涛，麻城市博达学校董事长李尧东，无锡科技职业学院教授龚运新，黄冈市黄梅县教育局周时佐，麻城市博达学校董事李知，黄冈市黄梅县实验小学向俊雅、郭翠琴，黄冈市黄梅县八角亭中学洪小娟等组成。

丛书序

人工智能教育已经开展了十几年。这十几年来,市场上不乏一些好教材,但是很难找到一套适合的、系统化的教材。学习一下图形化编程,操作一下机器人、无人机和无人车,这些零散的、碎片化的知识对于想系统学习的读者来说很难,入门较慢,也培养不出专业人才。近些年,国家已制定相关文件推动和规范人工智能编程教育的发展,并将编程教育纳入中小学相关课程。

鉴于以上事实,编委会组织专家团队,集合多年在教学一线的教师编写了这套教材,并进行了多年教学实践,探索了教师培训和选拔机制,经过多次教学研讨,反复修改,反复总结提高,现将付梓出版发行。

人工智能知识体系包括软件、硬件和理论,中小学只能学习基本的硬件和软件。硬件主要包括机械和电子,软件划分为编程语言、系统软件、应用软件和中间件。在初级阶段主要学习编程软件和应用软件,再用编程软件控制简单硬件做一些简单动作,这样选取的机械设计、电子控制系统硬件设计和软件 3 部分内容就组成了人工智能教育阶段的入门知识体系。

本丛书在初级阶段首先用电子积木和机械积木作为实验设备,选择典型、常用的电子元器件和机械零部件,先了解认识,再组成简单、有趣的应用产品或艺术品;接着用 CAD(计算机辅助设计)软件制作出这些产品的原理图或机械图,将玩积木上升为技术设计和学习 CAD 软件。这样将玩积木和学知识有机融合,可保证知识的无缝衔接,平稳过渡,通过几年的教学实践,取得了较好效果。

中级阶段学习图形化编程,也称为 2D 编程。本书挑选生活中适合中小学生年龄段的内容,做到有趣、科学,在编写程序并调试成功的过程中,发展思维、提高能力。在每个项目中均融入相关学科知识，体现了专业性、严谨性。特别是图形化编程适合未来无代码或少代码的编程趋势，满足大众学习编程的需求。

图形化编程延续玩积木的思路，将指令做成积木块形式，编程时像玩积木一样将指令拼装好，一个程序就编写成功，运行后看看结果是否正确，不正确再修改，直到正确为止。从这里可以看出图形化编程不像语言编程那样有完善的软件开发系统，该系统负责程序的输入，运行，指令错误检查，调试（全速、单步、断点运行）。尽管软件不太完善，但对于初学者而言还是一种有趣的软件，可作为学习编程语言的一种过渡。

在图形化编程入门的基础上，进一步学习三维编程，在维度上提高一维，难度进一步加大，三维动画更加有趣，更有吸引力。本丛书注重编写程序全过程能力培养，从编程思路、程序编写、程序运行、程序调试几方面入手，以提高读者独立编写、调试程序的能力，培养读者的自学能力。

在图形化编程完全掌握的基础上，学习用图形化编程控制硬件，这是软件和硬件的结合，难度进一步加大。《图形化编程控制技术（上）》主要介绍单元控制电路，如控制电路设计、制作等技术。《图形化编程控制技术（下）》介绍用 Mind+ 图形化编程控制一些常用的、有趣的智能产品。一个智能产品要经历机械设计、机械 CAD 制图、机械组装制造、电气电路设计、电路电子 CAD 绘制、电路元器件组装调试、Mind+ 编程及调试等过程，这两本书按照这一产品制造过程编写，让读者知道这些工业产品制造的全部知识，弥补市面上教材的不足，尽可能让读者经历现代职业、工业制造方面的训练，从而培养智能化、工业社会所需的高素质人才。

高级阶段学习 Python 编程软件，这是一款应用较广的编程软件。这一阶段正式进入编程语言的学习，难度进一步加大。编写时尽量讲解编程方法、基本知识、基本技能。这一阶段是在《图形化编程控制技术（上）》的基础上学习 Python 控制硬件，硬件基本没变，只是改用 Python 语言编写程序，更高阶段可以进一步学习 Python、C、C++ 等语言，硬件方面可以学习单片机、3D 打印机、机器人、无人机等。

本丛书按核心知识、核心素养来安排课程，由简单到复杂，体现知识的递进性，形成层次分明、循序渐进、逻辑严谨的知识体系。在内容选择上，尽量以趣味性为主、科学性为辅，知识技能交替进行，内容丰富多彩，采用各种方法激活学生兴趣，尽可能展现未来科技，为读者打开通向未来的一扇窗。

我国是制造业大国，与之相适应的教育体系仍在完善。在义务教育阶段，职业和工业体系的相关内容涉及较少，工业产品的发明创造、工程知识、工匠精神等方面知识较欠缺，只能逐步将这些内容渗透到入门教学的各环节，从青少年抓起。

丛书编写时，坚持"五育并举，学科融合"这一教育方针，并贯彻到教与学的每个环节中。本丛书采用项目式体例编写，用一个个任务将相关知识有机联系起来。例如，编程显示语文课中的诗词、文章，展现语文课中的情景，与语文课程紧密相连，编程进行数学计算，进行数学相关知识学习。此外，还可以编程进行英语方面的知识学习，创建多学科融合、共同提高、全面发展的教材编写模式，探索多学科融合，共同提高，达到考试分数高、综合素质高的教育目标。

五育是德、智、体、美、劳。将这五育贯穿在教与学的每个过程中，在每个项目中学习新知识进行智育培养的同时，进行其他四育培养。每个项目安排的讨论和展示环节，引导读者团结协作、认真做事、遵守规章，这是教学过程中的德育培养。提高读者语文的写作和表达能力，要求编程界面美观，书写工整，这是美育培养。加大任务量并要求快速完成，做事吃苦耐劳，这是在实践中同时进行的劳育与体育培养。

本丛书特别注重思维能力的培养，知识的扩展和知识图谱的建立。为打破学科之间的界限，本丛书力图进行学科融合，在每个项目中全面介绍项目相关的知识，丰富学生的知识广度，加深读者的知识深度，训练读者的多向思维，从而形成解决问题的多种思路、多种方法、多种技能，培养读者的综合能力。

本丛书将学科方法、思想、哲学贯穿到教与学的每个环节中。在编写时将学科思想、学科方法、学科哲学在各项目中体现。每个学科要掌握的方法和思想很多，具体问题要具体分析。例如编写程序，编写时选用面向过程还是面向对象的方法编写程序，就是编程思想；程序编写完成后，编译程序、运行程序、观察结果、调试程序，这些是方法；指令是怎么发明的，指令在计算机中是怎么运行的，指令如何执行……这些问题里蕴含了哲学思想。以上内容在书中都有涉及。

　　本丛书特别注重读者工程方法的学习，工程方法一般包括 6 个基本步骤，分别是想法、概念、计划、设计、开发和发布。在每个项目中，对这 6 个步骤有些删减，可按照想法（做个什么项目）、计划（怎么做）、开发（实际操作）、展示（发布）这 4 步进行编写，让学生知道这些方法，从而培养做事的基本方法，养成严谨、科学、符合逻辑的思维方法。

　　教育是一个系统工程，包括社会、学校、家庭各方面。教学过程建议培训家长，指导家庭购买计算机，安装好学习软件，在家中进一步学习。对于优秀学生，建议继续进入专业培训班或机构加强学习，为参加信息奥赛及各种竞赛奠定基础。这样，社会、学校、家庭就组成了一个完整的编程教育体系，读者在家庭自由创新学习，在学校接受正规的编程教育，在专业培训班或机构进行系统的专业训练，环环相扣，循序渐进，为国家培养更多优秀人才。国家正在推动"人工智能""编程""劳动""科普""科创"等课程逐步走进校园，本丛书编委会正是抓住这一契机，全力推进这些课程进校园，为建设国家完善的教育生态系统而努力。

　　本丛书特别为人工智能编程走进学校、走进家庭而写，为系统化、专业化培养人工智能人才而作，旨在从小唤醒读者的意识、激活编程兴趣，为读者打开窥探未来技术的大门。本丛书适用于父母对幼儿进行编程启蒙教育，可作为中小学生"人工智能"编程教材、培训机构教材，也可作为社会人员编程培训的教材，还适合对图形化编程有兴趣的自学人员使用。读者可以改变现有游戏规则，按自己的兴趣编写游戏，变被动游戏为主动游戏，趣味性较高。

　　"编程"课程走进中小学课堂是一次新的尝试，尽管进行了多年的教学实践和多次教材研讨，但限于编者水平，书中不足之处在所难免，敬请读者批评指正。

丛书顾问委员会

2024 年 5 月

前言

本书使用 Paracraft（帕拉卡）3D 图形化编程软件，采用拖动积木的方式编程，符合未来无代码或少代码编程的趋势，以培养兴趣、锻炼思维为主。3D 编程更加有效地提高了学习者的立体思维能力、创新能力和解难能力。

3D 软件的学习更进一步增加了知识的维度，扩展了知识的广度，为将来进入大学进行专业学习奠定基础。如今，专业设计和工程设计已由平面设计进入 3D 设计阶段，学完 3D 后再去使用原来学习的电子 CAD 软件和机械 CAD 软件，进入 3D 设计环境，就可观看到 3D 设计效果，感受到 3D 软件的设计魅力。

本书采用项目式体例编写，内容上尽量做到丰富和有趣，以方便读者根据自己的需要和兴趣进行选择学习。本书是"红色"主题课，考虑到作品的完整性，一个主题用两个项目完成。前一个项目以搭建为主，后一个项目以编程为主，编程难度逐步加强。将 3D 编程的所有知识科学分解到每个项目中，每个项目训练一个新的知识点。

对初学者而言，编程教育不仅是学习编程知识和技能，还是提升综合素质的重要载体。因此，本书在每个项目中都安排了"扩展阅读"，并重视与其他学科的关联，尽量体现学科融合，引发读者回忆和思考，从而激发更多探索的好奇心。

本书每个项目的最后安排了"总结与评价"，并当作一个任务来完成。编者认为，合作与交流是非常重要的学习过程和方法，在集体总结和评价的过程中，锻炼做人做事的能力，培养合作意识和团队精神，同时提高语文水平，与语文学科深度融合，会获得更好的教学效果。

本书由麻城市机器人编程协会会长刘泽仁，麻城市博达学校易强，麻城市汇乐博科技培训有限公司联合创始人周芳任主编；由麻城市博达学校王志成、肖杨、李煜，无锡科技职业学院龚运新任副主编。

所有项目内容均来自一线教学案例，编写成员都有丰富的编程教学经验。但是，受专业水平所限，加之时间仓促，不足之处请读者给予指正，我们将不胜感激，再接再厉！

需要书中配套材料包的读者可发送邮件至 33597123@qq.com 咨询。

编　者

2024 年 6 月

目 录

项目 17　红船（上）

　　小乐今天跟同学一起参观了党史展览馆，知道了 1921 年 7 月，中国共产党第一次全国代表大会在上海法租界望志路 106 号（今兴业路 76 号）召开[1]，如图 17-1 所示。

　　由于会场受到暗探注意和法租界巡捕搜查，最后一天的会议转移到浙江嘉兴南湖的游船上举行[2]，如图 17-2 所示。

　　南湖历来是江南著名的游览胜地，以前湖中有画舫、精舫、唱曲船、丝网船、网船、挡板船、赤壁（膊）船、小洋船、公渡船数种，供载游客游湖。

图 17-1　中共一大旧址

图 17-2　中共一大嘉兴南湖旧址

任务 17.1　红 船 制 作

　　在当时的历史背景下，中国共产党第一次全国代表大会的召开是特别激动人心的，本任务制作一艘红船，还原当时的历史场景，让红色火种世代相传。

17.1.1 红船制作思路

开始制作之前，先要做好整体规划，如果要搭建这样的一个场景，从哪个步骤开始比较好呢？可以先搭建整个湖水的场景，再搭建红船的模型，然后让红船动起来，最后在船上添加人物，思维导图如图 17-3 所示。

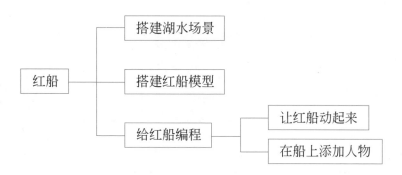

图 17-3 任务 17.1 思维导图

搭建南湖时，学习有关选择湖底、下沉湖底、改变湖底材料、搭建南湖周边环境、给湖灌水的方法和技术；搭建红船时，学习有关制作游船的底板、船沿、船首甲板、船舱、舱顶、船尾甲板的方法和技术。

17.1.2 开始制作

从本项目开始可能需要较多步骤才能完成一个完整的项目，因此，读者一定要养成及时保存项目的好习惯。

① . 创建新世界

（1）打开 3D 编程软件 Paracraft，输入账号和密码，单击"新建作品"按钮，如图 17-4 和图 17-5 所示。

（2）输入世界名称，可以是本次任务的主题，在主题后加入当日日期，选择"大型"和"平坦"，单击"确定"按钮，如图 17-6 所示。

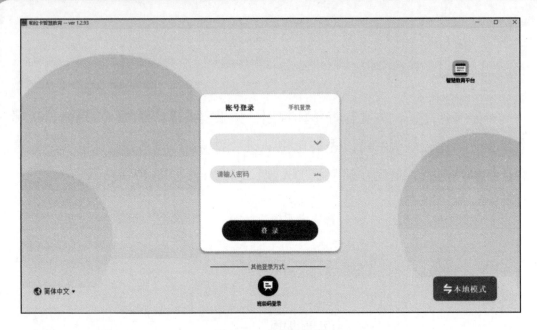

图 17-4　登录软件

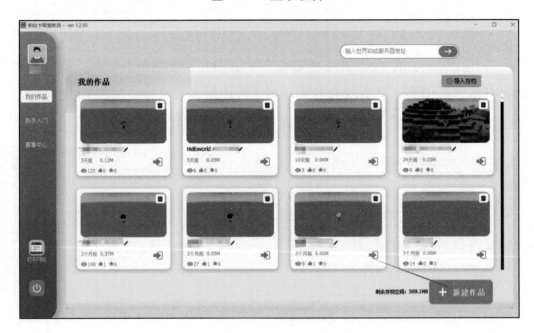

图 17-5　新建作品

② . 搭建湖水场景

新世界创建好了，接下来从整体到局部搭建场景，先搭建浙江嘉兴南湖的湖水场景。

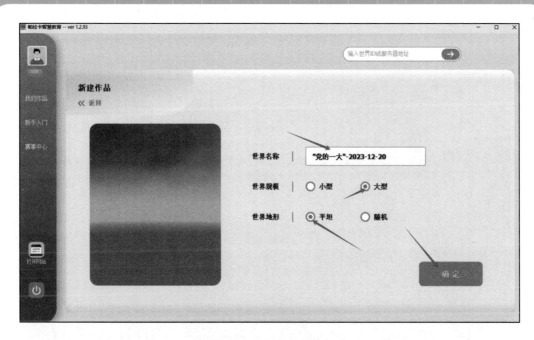

图 17-6 输入名称等

（1）按 F 键，再按空格键，让主角飞得高一些。用 Ctrl 键 + 鼠标左键，选中一个大范围的方形，作为湖水，如图 17-7 所示。

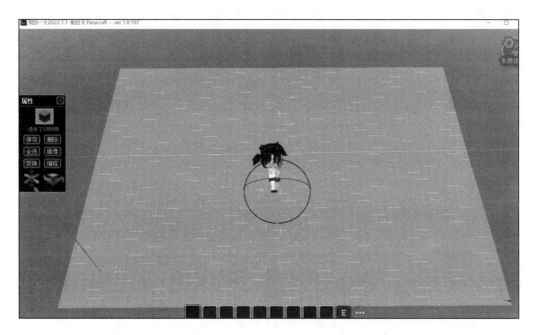

图 17-7 选择湖水范围

（2）单击蓝色 Y 轴，让底面下沉 3 格，便于放水，然后单击"关闭"按钮，如图 17-8 所示。

图 17-8 下沉底面

（3）按 E 键，打开工具栏，找到"黏土块 id：53"，利用 Ctrl 键 + 鼠标左键选择湖底，单击泥土块，可以改变湖底材质，如图 17-9 所示。

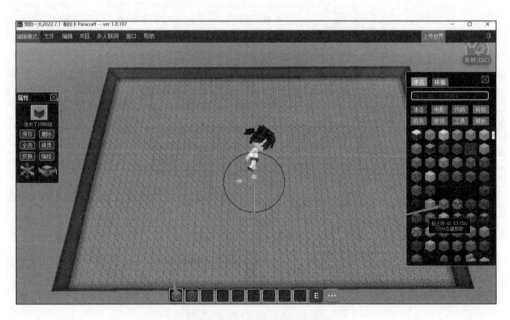

图 17-9 改变湖底材质

（4）单击工具栏，选择工具模块，选择"地形笔刷 id：10067"，如

图 17-10 所示。

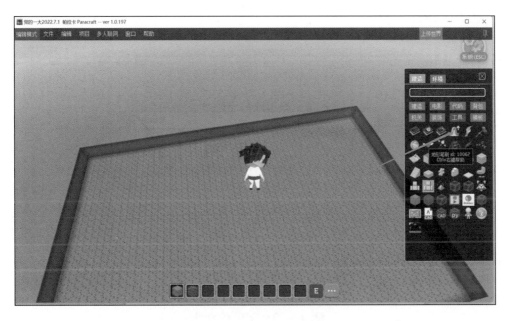

图 17-10 选择地形笔刷

（5）持续单击，在四周将小山刷起来，可以将山刷高一点，如图 17-11 所示。

图 17-11 将四周把小山刷起来

（6）将人物下沉到湖底，输入 "/flood 100"，开始放水，如图 17-12 所示。

图 17-12　将湖底放水

（7）在"装饰"项目里选择装饰方块，对湖面进行装饰，如图 17-13 所示。

图 17-13　对湖面进行装饰

3. 搭建红船

南湖搭建好后，就要搭建红船了。

（1）先做红船的底板，这里选择的是"云杉木板 id：138"，利用之前学习的方法进行搭建，如图 17-14 所示。

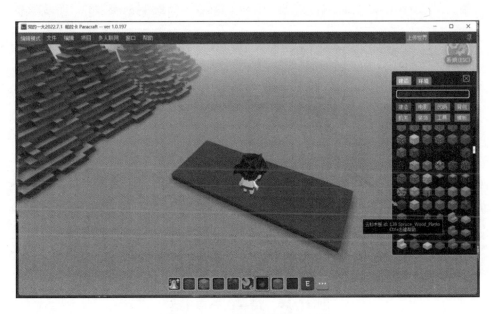

图 17-14　做出船体的底板

（2）利用外扩结构向外拓展一层，用 Ctrl 键 + 鼠标左键选择搭建好的方块，拖动轴向，选择"拉伸"，单击"确定"按钮，可以看见一边船沿的外扩结构就搭建好了，如图 17-15 所示。

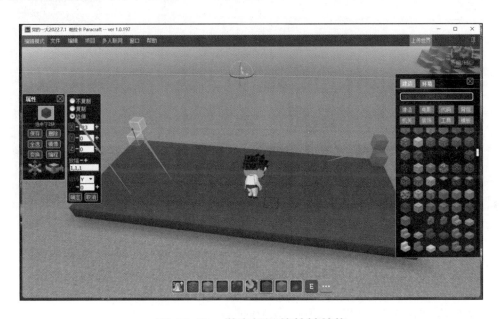

图 17-15　做出船沿的外扩结构

（3）搭建出舵杆，往外搭建出船首甲板，如图 17-16 所示。

图 17-16　搭建出船首甲板

（4）搭建出船舱的框架，如图 17-17 所示。

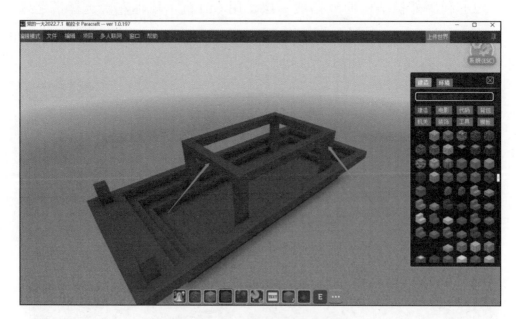

图 17-17　搭建出船舱的框架

（5）搭建出船舱的顶部结构，如图 17-18 所示。

（6）搭建出船尾甲板，如图 17-19 所示。

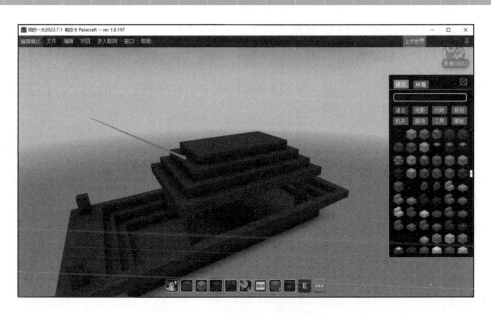

图 17-18　搭建出船舱的顶部结构

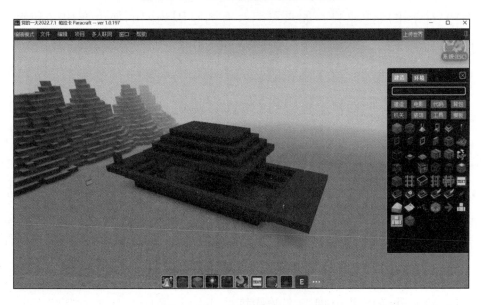

图 17-19　搭建出船尾甲板

任务 17.2　扩展阅读：船的知识

. 船的知识

船或船舶，指的是利用水的浮力，依靠人力、风帆、发动机（如蒸汽机、燃气涡轮、柴油引擎、核动力机组）等动力，牵、拉、推、划或推动螺旋桨、高压喷嘴，使能在水上移动的交通运输手段。另外，民用船通常称为船（古称舳舻）、船舶、轮机、舫，军用船称为舰（古称艨艟）、舰艇，小型船称为艇、舢板、筏或舟，其总称为舰艇或船舶。

船舶是随着人类的发展而开发的。不论是战时或是平时，都会用到船舶。世界上有数百万的渔民用渔船捕鱼。战时的海战及海上军事补给都和船有关。2007 年的商船约有 35 000 艘，载运货物约有 740 万吨。2011 年，世界上已有约 104 304 艘船取得由国际海事组织（IMO）发出的 IMO 编别号码。

船舶可以浮在水面上的原因有以下 3 种。

（1）大部分的船舶称为排水型船舶（displacement vessel），船舶的重量被船壳排开的水产生的浮力所平衡。

（2）对于平底的船只，如水翼船，升力是因为船的速度变快，和水相对运动时其升力会增加，直到水翼航行状态为止。

（3）像气垫船等非排水型船舶，因为产生的高压空气（气垫）支持其重量，因此可以和水面保持一定距离。

当船只往上的力和往下的力相等时，船只达到静力平衡。当船只再往下，吃水多一些时，其重量不变，但其船壳排开水的重量变大。当两个力平衡时，船可以浮在水面上。甚至即使船上的货物没有平均摆放，船也不会前仰后倾或倾斜。

船只的稳定性既要考虑上述的静力学平衡，也要考虑当船受到外力移动、横摇（rolling）及纵摇（pitching），以及有风和浪的影响时的动力学平衡。稳定性不佳的船若出现过大的横摇及纵摇，最后会翻船或沉船。

船在水中航行时，其前缘会受到水的阻力，阻力可以分为许多种，主要的是水作用在船壳的阻力及波阻力。若降低了阻力，速度自然会提升，需要降低湿润表面，没水部分船体也要改用产生水波振幅较小的外形。为了达到此目的，高速的船舶一般会较细长，其附属物较小或是较少。定期清理船壳上寄生的生物及藻类，也可以减少船的阻力，防污油漆可以减少船壳上的生物。球状船首等较先进的设计也可以减少波浪的阻力。

　　浮着的船会排开和本身重量相同的流体。船本身结构的密度可以比水重，只要船的结构中有够大的空心部分即可。若船浮着，整艘船（包括货物）的重量除以其在吃水线下的体积，结果会等于水的密度。若船上的重量再加重，吃水线下的体积要增加才能使重力和浮力平衡，因此船会再下沉一点。

　　船舶结构，又称为"船体结构"，是指由板材和骨架等组成的船体结构物的统称，主要包括船底结构、船侧结构、甲板结构、舱壁结构、首尾结构和上层建筑等。不同用途的船舶其结构也有所不同。船舶结构应能在外力作用下有足够的强度、刚度、稳定性和可靠性，能保持可靠的水密性，满足营运的要求。木船拆解后分为船体、锚、前帆、主帆、桅杆、尾舵等部分。

2. 船的扩展知识

　　中国是造船历史悠久的国家之一，在几千年的发展中，中国古代造船技术取得了极其辉煌的成就，更在相当一段时间遥遥领先于世界。在 1.8 万千米漫长的海岸线中，我国的文明一直与大海有着密不可分的联系。得天独厚的自然条件，使中国造船技术从古代开始就拥有令世界各国所赞叹的伟大成就。

　　秦汉时期是我国古代造船业的第一个高峰时期，开国战争与海外丝绸之路，使得对船舶的需求日益增多，从而极大地促进了我国造船业的发展。秦汉时期的造船业在继承了前朝一些国家发达的造船业技术水平的基础上，加以创新和发展。这一时期的船只不仅数量庞大而且类型众多，甚至可以建造高技术的楼船。

任务 17.3　总结与评价

　　先分组进行总结，分别说出制作过程及体会，写出书面总结；再互相检查制作结果，集体给每一位同学打分。

1. 任务完成调查

　　任务完成后，不但要进行成果展示，还要进行总结和讨论，总结采用口头总结和书面总结两种形式，口头总结是提高口头表达的好方法，书面总结是提高书面表达的好方法，两者不可偏废。

② . 行为考核指标

行为考核指标，是为做人做事设定的条款，主要进行德育培养，采用批评与自我批评、自育与互育相结合的方法。采用自我考核和小组考核后班级评定方法。班级每周进行一次民主生活会，就自己的行为指标进行评价。

③ . 集体讨论题

集体讨论制作过程，并完善图 17-1 所示的思维导图。

④ . 思考与练习

根据所学做出不一样的船的造型。

[参考文献]

[1] 中央党史和文献研究院 . 中国共产党一百年大事记 [M]. 北京：人民出版社，2021.

[2] 中央党史和文献研究院 . 中国共产党一百年大事记 [M]. 北京：人民出版社，2021.

项目 18　红船（下）

　　中国共产党的诞生，使中国革命从此有了坚定的理想信念和强大的精神支柱，体现了"坚定理想、百折不挠"的奋斗精神；中国共产党从诞生的那天起，从来就没有自己的私利，而是以全心全意为人民谋福利为根本宗旨，体现了"立党为公、忠诚为民"的奉献精神。下面详细介绍让红船动起来的编程方法。

任务 18.1　编程让红船动起来

本任务给项目 17 搭建的红船编程，让它动起来，以还原当时的历史场景。

18.1.1　编程思路

这里需要给红船进行编程，让船动起来。首先登录软件，打开保存的文件，调整红船大小，编程使船动起来，并添加人物。

编写使船动起来的程序时，学习有关程序输入、船动参数设定、放置拉杆的方法和技术；搭建红船时，学习有关添加人物、人物移动到船甲板、找到人物轴向、让人物跟船一起动起来的编程方法。

18.1.2　开始编程

1. 加载新世界

（1）打开 3D 编程软件 Paracraft，输入账号和密码，单击"登录"按钮，如图 17-4 所示。

（2）找到项目 17 所创建的世界，单击进入，如图 18-1 所示。

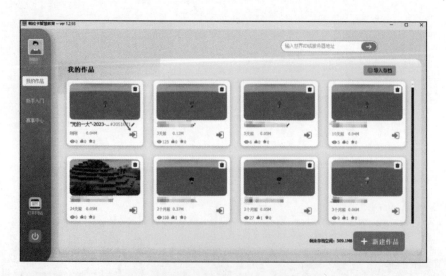

图 18-1　单击进入世界

2. 将红船保存为 bmax 模型

项目 17 创建的红船无法作为角色进行编程，需要保存为 bmax 模型后再开始编程。

（1）按 Ctrl 键 + 鼠标左键，选中整个红船，如图 18-2 所示。选择"保存"→"保存为 bmax 模型"命令。

图 18-2　保存为 bmax 模型

（2）在弹出的对话框中输入新的文件名 boat，如图 18-3 所示。

图 18-3　给 bmax 模型命名

（3）打开工具栏，选择电影模块和代码方块，回到湖内找到一个角落，右击放置，如图 18-4 所示。

图 18-4　放置代码方块

（4）右击代码方块，进入编程界面，选择"角色模型"→"本地"，选择刚刚保存的 boat 文件，如图 18-5 所示。

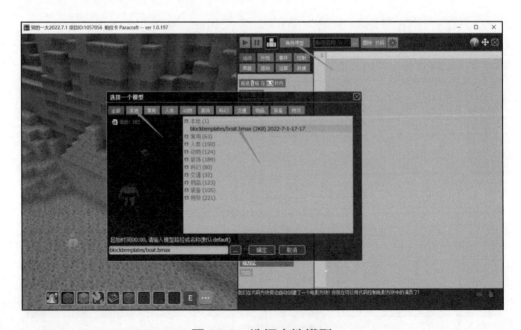

图 18-5　选择本地模型

（5）关闭窗口，再右击电影方块，单击需要的角色船，选择"动作"→"大小"命令，如图 18-6 所示。

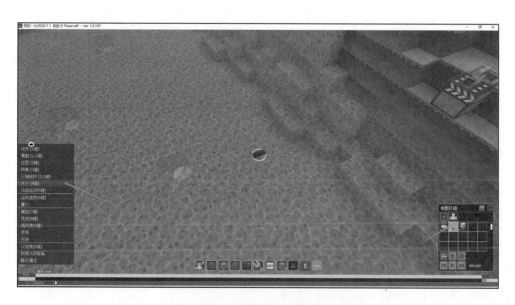

图 18-6　调整红船的大小

（6）调整好大小后，右击代码方块，进入编程界面，选择"图块"→"运动"→"前进"指令，如图 18-7 所示。

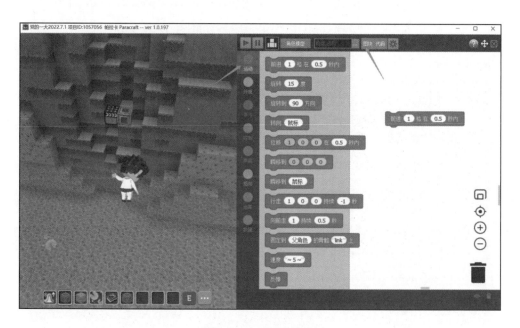

图 18-7　给船编程

（7）因为想让船在湖里缓慢游动，所以需要改变前进参数，改成 0.1 格，然后找到"控制"模块，选择重复执行有限次数指令，参数设为 10 次，这样就代表在 0.5 秒内每次前进 0.1 格，这个动作重复 10 次，如图 18-8 所示。

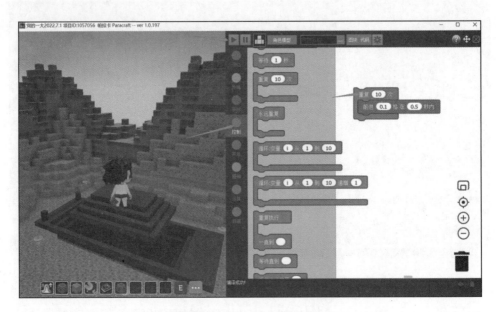

图 18-8　让船缓慢动起来

（8）关闭窗口，选择工具栏中电影模块，选择"拉杆"，放置到代码方块旁边，这样就能随时控制代码方块的程序，如图 18-9 所示。

图 18-9　放置拉杆

3. 添加人物角色

（1）在拉杆的旁边放上代码方块和电影方块，这样拉动拉杆能同时控制两个代码方块，如图 18-9 所示。

（2）重复刚刚的步骤，选择电影方块及角色，尽量贴近现实中的人物形象，移动角色到船首甲板，如图 18-10 所示。

图 18-10　人物移动到船甲板

（3）右击电影方块，找到人物轴向，要往船的移动方向移动，就要让人物往绿轴的负方向移动，如图 18-11 所示。

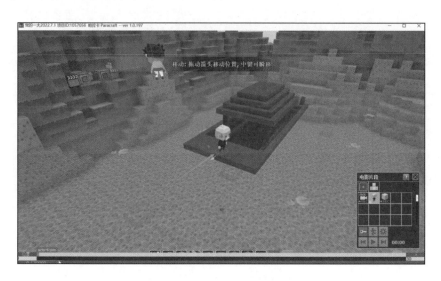

图 18-11　找到人物轴向

（4）在运动模块里找到位移指令，改变绿轴就是改变 Z 轴数值，也就是第三个数字，换成船的行驶速度，这里要改成负数，即 −0.1，时间是 0.5 秒，并且加上重复执行 10 次指令。单击拉杆试一试效果，如图 18-12 所示。

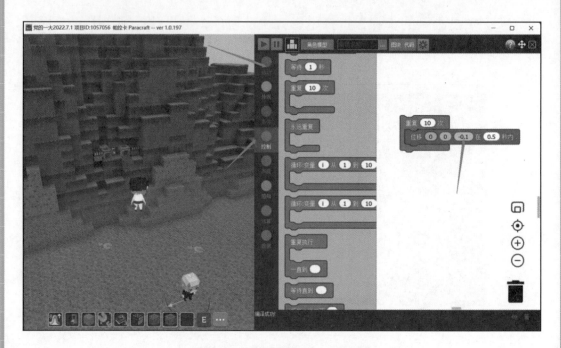

图 18-12　让人物跟船一起动起来

（5）选择装饰方块，对湖面进行装饰。

任务 18.2　扩展阅读：制作游戏

1. 小游戏

看图 18-13，下面哪个选项能让人物走到火把面前，先相互讨论。

（1）旋转 180°，位移为 −6，如图 18-14 所示。

（2）旋转 180°，位移为 6，如图 18-15 所示。

（3）旋转 90°，位移为 6，如图 18-16 所示。

（4）旋转 180°，位移为 0，如图 18-17 所示。

图 18-13 小游戏

图 18-14 小游戏 1

图 18-15 小游戏 2

图 18-16 小游戏 3

图 18-17 小游戏 4

2. 游戏

游戏（game）是所有哺乳类动物，特别是灵长类动物学习生存的第一步。它是一种基于物质需求满足之上的，在一些特定时间、空间范围内遵循某种特定规则的，追求精神世界需求满足的社会行为方式，同时这种行为方式也是哺乳类动物或者灵长类动物所需的一种降压方式，不管是在幼年期，还是在发育期、成熟期，都需要这种行为方式。游戏大体分类如下。

（1）单机游戏。单机游戏指仅使用一台计算机或者其他游戏平台就可以独立运行的电子游戏。区别于网络游戏，它不需要专门的服务器便可以正常运转游戏。通过局域网或者 IP 直连，对等网络，在游戏平台进行多人对战。

（2）网络游戏。网络游戏缩写为 Online Game，又称为"在线游戏"，简称为"网游"，指以互联网为传输媒介，以游戏运营商服务器和用户计算机为处理终端，以游戏客户端软件为信息交互窗口的，旨在实现娱乐、休闲、交流和取得虚拟成就的，具有相当可持续性的个体性多人在线游戏，又称为客户端游戏。

（3）桌面游戏。桌面游戏常见的有牌类游戏和棋类游戏，即人们在现实中用相关道具进行的一种游戏，如扑克、象棋。

（4）网页游戏。网页游戏又称为 Web 游戏，是利用浏览器玩的游戏，它不用下载客户端，任何地方任何时间任何一台能上网的计算机就可以快乐地游戏，关闭或者切换极其方便。

（5）街机游戏。街机是一种放在公共娱乐场所的经营性的专用游戏机。

（6）手机游戏。手机游戏指运行于手机上的游戏软件。用来编写手机游戏最多的程序是 Java 语言，其次是 C 语言。

 任务 18.3　总结与评价

先分组进行总结，分别说出制作过程及体会，写出书面总结；再互相检查制作结果，集体给每一位同学打分。

① . 任务完成调查

任务完成后，不但要进行成果展示，还要进行总结和讨论，总结采用口头总结和书面总结两种形式，口头总结是提高口头表达的好方法，书面总结是提高书面表达的好方法，两者不可偏废。

② . 行为考核指标

行为考核指标，是为做人做事设定的条款，主要进行德育培养，采用批评与自我批评、自育与互育相结合的方法。采用自我考核和小组考核后班级评定方法。班级每周进行一次民主生活会，就自己的行为指标进行评价。

③. 集体讨论题

集体讨论制作过程思路，并完善思维导图。

④. 思考与练习

思考让船动起来的其他方式。

项目 19　讲习所的课堂（上）

　　小乐今天来到武汉的中央农民运动讲习所旧址参观[1]。这是第一次国共合作时期毛泽东同志倡议创办并主持的一所培养全国农民运动干部的学校，农讲所的学员绝大多数来自农民和知识青年，1927 年 6 月 10 日，来自当时全国 17 个省的 800 多名学员从这里奔向农村，像星星之火撒向神州大地，形成了中国革命的燎原之势，1963 年，武昌中央农民运动讲习所旧址纪念馆正式对外开放，现为全国重点文物保护单位，获"全国爱国主义教育示范基地"称号，如图 19-1 和图 19-2 所示。

图 19-1　武昌中央农民运动讲习所旧址

图 19-2　讲堂内部

 ## 任务 19.1　制作讲习所的课堂

　　参观结束，小乐觉得今天意义非凡，想通过还原讲习所的课堂来记录这次参观之旅。他用 3D 软件搭建了讲习所课堂，详细制作步骤如下。

19.1.1　制作整体思路

　　讲习所课堂包括教室、人物和教学事件，思维导图如图 19-3 所示。从图可知，讲习所课堂的制作思路如下。第一步是搭建教室，即先搭建教室墙体，再搭建讲台和黑板，后搭建桌椅，最后增加装饰；第二步是构建人物，主要是添加老师和学生；第三步是事件（编程），也就是课堂上课情况，这里要用到新指令，注意认真学习。

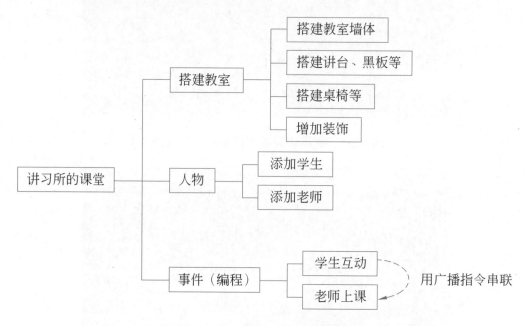

图 19-3　任务 19.1 思维导图

由于步骤较多，只能分两次完成。本次任务完成第一步搭建教室，这一步做的事情较多，需要理清制作步骤，下面就从搭建教室开始。

19.1.2　开始搭建教室

需要搭建教室墙体、讲台、黑板、桌椅、装饰。

1. 搭建教室墙体

创建新世界，开始搭建教室墙体。

（1）打开 3D 编程软件 Paracraft，输入账号和密码，单击"登录"按钮。

（2）单击"新建作品"按钮，如图 19-4 所示。在弹出的对话框中输入当前日期，输入主题名字和自己名字，并选择"大型"和"平坦"，单击"确定"按钮。

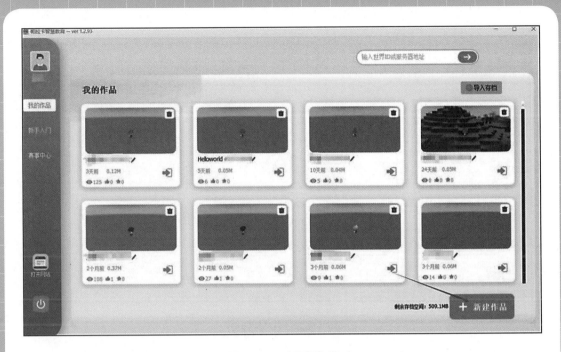

图 19-4　新建作品

（3）使用 /box 20 1 30 指令来搭建一个长 20、宽 30、高 1 的长方体，如图 19-5 所示。

图 19-5　创建教室框架

（4）用 Ctrl 键＋鼠标左键选中底部除了最外面一层的方块，选择"删除"命令，如图 19-6 所示。

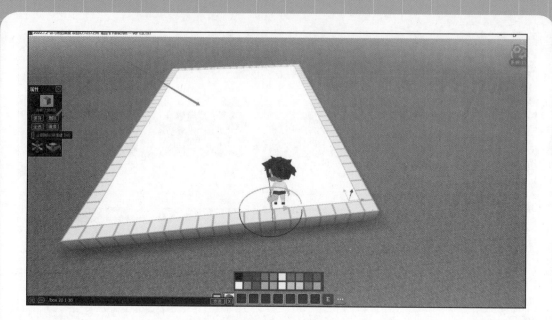

图 19-6　挖空底部

（5）用 Ctrl 键 + 鼠标左键选中外框，移动蓝色 Y 轴往上移到合适的高度，作为房子的外墙，如图 19-7 所示。

图 19-7　拉伸墙面

（6）在工具栏"装饰"模块找到玻璃窗，用 Ctrl 键 + 鼠标左键，在一面墙上选中窗户大小的方块，单击替换，然后挖出教室的门和窗，如图 19-8 所示。

图 19-8　挖出门和窗户

2. 搭建讲台、黑板

教室搭建好了，就可以开始搭建教室里面的黑板和讲台了。

（1）关闭窗口，进入教室内，用 Ctrl 键＋鼠标左键，在一面墙上选中黑板大小的方块，选择彩色方块中的黑色，单击工具包里的方块进行替换，如图 19-9 所示。

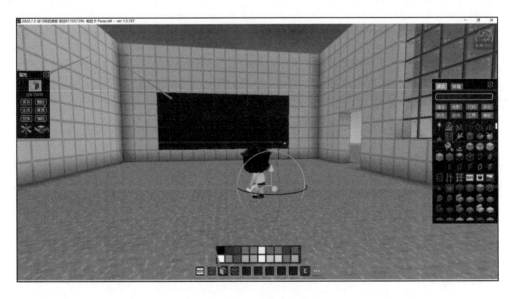

图 19-9　搭建黑板

（2）在工具栏选择"工具"模块中的物理模型，在弹出的对话框选择"装饰"→"书桌满"，单击"确认"按钮，然后右击将讲台放置在合适的位置，如图 19-10 所示。

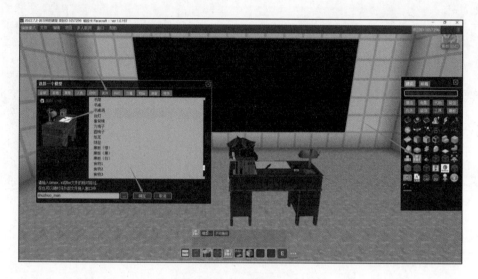

图 19-10　搭建讲台

3. 搭建桌椅

黑板、讲台搭建好了，接下来搭建学生用的桌椅。

（1）选择物理模型，选择合适的桌子并摆放整齐，如图 19-11 和图 19-12 所示。

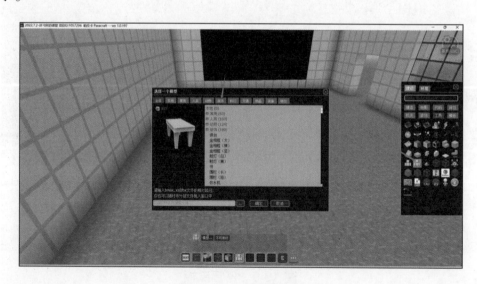

图 19-11　搭建桌子

图 19-12　排列桌子

（2）选择物理模型，选择合适的椅子，摆放在离桌子合适距离的地方，如图 19-13 和图 19-14 所示。

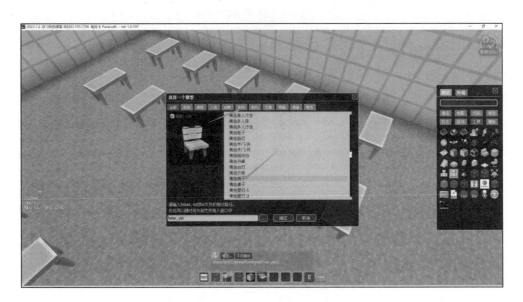

图 19-13　选择椅子模型

④. 增加装饰

教室的基本功能都有了，接下来在物理模型里面选择符合当时年代背景的物品进行装饰，如图 19-15 所示。

图 19-14　排列椅子

图 19-15　增加装饰

任务 19.2　扩展阅读：农民运动讲习所

. 农民运动讲习所

农民运动讲习所，是第一次国内革命战争时期中国共产党和孙中山领导的国民党合作举办的培养农民运动干部的机构。1924 年 7 月—1926 年 9 月，在广州举办了 6 届，共培养了近 800 名农民运动干部。北伐军占领武汉后，1927 年 3—6 月，在武昌举办了中央农民运动讲习所，为湘鄂赣等 17 个省培养了 800 多名农民运动干部。在这一时期，其他许多地方也举办了农民运动讲习所或农民运动讲习班。彭湃、罗绮园、阮啸仙、谭植棠、毛泽东曾先后担任广州农民运动讲习所主任；邓演达、谭平山、毛泽东等曾为武昌中央农民运动讲习所的常务委员。广州农民运动讲习所的教育内容，理论、历史、现状并重，具体可归纳为如下 4 类。①基础理论课，如 "帝国主义" "社会问题与社会主义" "中国史概要" "中国民族革命史" "地理" 等。②专业课，如 "中国农民问题" "海丰及东江农民运动状况" "广宁高要曲江农民运动状况" "农村教育" "军事运动与农民运动" 等。③革命文艺课，如 "革命歌" "革命曲" 等。④军事课，包括理论教学、实际调查和军事操练 3 方面。

广州农民运动讲习所主要教员有毛泽东、彭湃、周恩来、萧楚女、李立三等。农民运动讲习所对学员的教育，十分重视理论教学与社会调查、参加实际斗争相结合，采用启发教学法，联系学员实际，调动学员自觉主动的学习精神。还在学员中组织农民问题研究会，出版《农民问题丛刊》，调查农村的实际问题。武昌农讲所是广州农讲所的继续，招生规模扩充了，课程增设了 "中国社会各阶级的分析" "湖南农民运动考察报告" "乡村自治" 和 "农村合作"；培养目标更明确，其使命就是要训练能领导农村革命的人才。农讲所的学员毕业后，深入农村艰苦奋斗，英勇战斗，成为革命队伍的骨干力量，为革命事业作出了贡献。

2. 选择题

（1）在 Word 或者 Paracraft 中，表示撤销的快捷键是（　　　　）。

A. Ctrl+Z　　　　B. Ctrl+B　　　　C. Ctrl+F　　　　D. Ctrl+Y

（2）下列表示全选的快捷键是（　　　　）。

A. Ctrl+A　　　　B. Ctrl+B　　　　C. Ctrl+C　　　　D. Ctrl+D

任务 19.3　总结与评价

先分组进行总结，分别说出制作过程及体会，写出书面总结。再互相检查制作结果，集体给每一位同学打分。

1. 任务完成调查

任务完成后，不但要进行成果展示，还要进行总结和讨论，总结采用口头总结和书面总结两种形式，口头总结是提高口头表达的好方法，书面总结是提高书面表达的好方法，两者不可偏废。

2. 行为考核指标

行为考核指标，是为做人做事设定的条款，主要进行德育培养，采用批评与自我批评、自育与互育相结合的方法。采用自我考核和小组考核后班级评定方法。班级每周进行一次民主生活会，就自己的行为指标进行评价。

3. 集体讨论题

集体讨论建房方法，并画出思维导图。

4. 思考与练习

思考未来教室会是什么样子?

[参考文献]

[1]　中央党史和文献研究院 . 中国共产党一百年大事记 [M]. 北京：人民出版社，2021.

项目 20　讲习所的课堂（下）

　　小乐在学校老师的带领下，参观了武汉的中央农民运动讲习所旧址，这是第一次国共合作时期毛泽东同志倡议创办并主持的一所培养全国农民运动干部的学校，于 1927 月 7 日在武昌开学[1]。所谓"讲习"，"讲"即为讲课，"习"则代表军事训练和实践。毛泽东以中共中央农委书记的身份，在此亲自授课。讲习所情景还原模型如图 20-1 所示。

图 20-1　讲习所情景还原模型

任务 20.1　制作真实课堂

小乐参观后通过老师讲解发现，在讲习所里，教学内容由基础课、专业课、社会实践、课外专题研究和军事训练等组成，共 32 门课程，重点学习和研究中国革命和农民运动的理论与实际。学员们在此学习初步的军事知识，进行必要的军事训练。

20.1.1　制作思路

今天的任务是完成讲习所的课堂（上）没有做完的任务，如图 20-2 所示。

1. 人物 ——— 添加学生
　　　　　 ——— 添加老师

2. 事件（编程）——— 学生互动
　　　　　　　　 ——— 老师上课　　用广播指令串联

图 20-2　任务 20.1 思维导图

一是制作人物；二是制作事件，也就是教学过程，要编程让课程活起来，达到逼真有趣的效果。

20.1.2　开始制作

先添加演员，注意：软件中称为演员，也就是本项目要制作的讲习所学员和老师。

1. 进入世界

在添加演员前，需要进入项目 19 搭建的教室。

（1）打开 3D 编程软件 Paracraft，输入账号和密码，单击"登录"按钮。

（2）找到项目 19 创建的世界——讲习所的课堂，单击"进入"按钮，如图 20-3 所示。

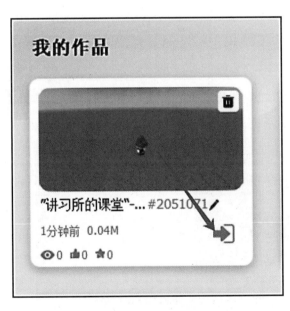

图 20-3　进入世界

2. 添加学员

进入世界后，开始根据历史图片添加角色，搭建相应的场景。

（1）按 E 键，打开工具栏，选择代码模块下代码方块，在教室一个角落右击放置代码方块，如图 20-4 所示。

图 20-4　放置代码方块

（2）右击代码方块，会自动生成电影方块和演员，单击角色模型，选择
"人类"→ boy1，单击"确定"按钮，如图 20-5 所示。

图 20-5　替换演员

（3）单击鼠标中键，将演员移到椅子前，如图 20-6 所示。

（4）单击角色模型，查看动作编号，如图 20-7 所示。

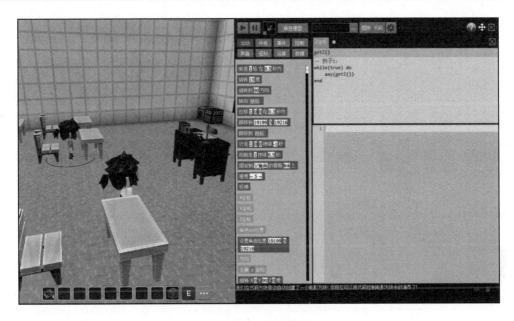

图 20-6　移动演员

图 20-7　查看动作编号

（5）单击图块，在外观模块选择放缩指令并修改参数为 150，改变演员大小，选择播放动作编号指令，修改参数为 72，让演员坐下，单击"运行"按钮可以看到演员坐在地上了，如图 20-8 所示。单击"停止"按钮，拖动 Y 轴，改变演员高度，再次单击"运行"按钮，演员就坐在椅子上了，如图 20-9 所示。

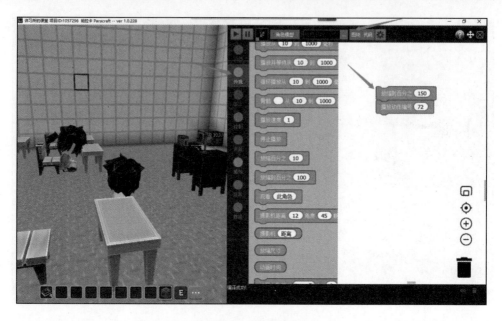

图 20-8 编写程序

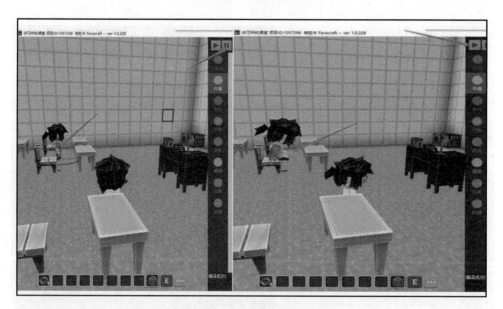

图 20-9 演员坐在椅子上

（6）用 Ctrl 键 + 鼠标左键，选择代码方块和电影方块，拖动红轴，在"属性"栏选择"复制"，单击"确定"按钮，就复制出一个相同的演员，如图 20-10 所示。打开复制出的代码方块，替换角色模型为 girl1，单击鼠标中键移到另外一边的椅子前，拖动 X 轴和 Y 轴移到合适的位置，放置一个拉杆，单击拉杆，就可以看到两个演员坐在座位上了，如图 20-11 所示。

图 20-10　复制方块

图 20-11　复制演员

3. 添加老师

学员都添加好了，现在添加老师。

（1）用上面添加学员的方法添加老师，按鼠标中键将老师移到合适的位置。单击图块，在运动模块找到旋转指令，在外观模块找到缩放代码，让老师出现在教室门口，如图 20-12 所示。

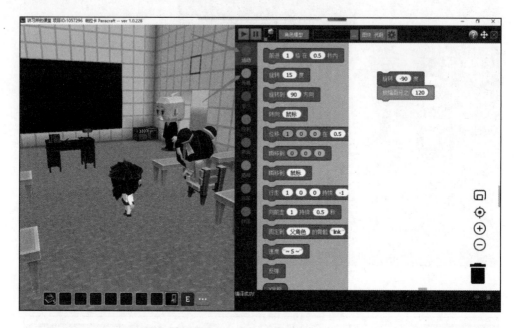

图 20-12　添加老师

（2）选择前进、等待、旋转、说指令，让老师从教室门口走进来，转身说"同学们，上课了"，如图 20-13 所示。

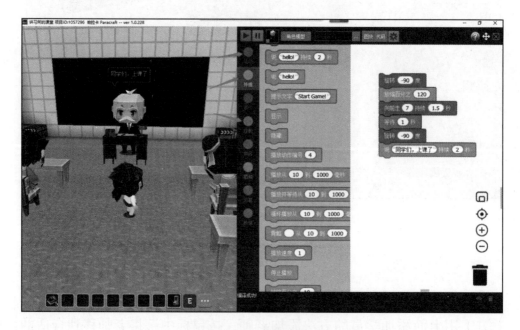

图 20-13　编写程序

任务 20.2　扩展阅读：智能课堂

1. 智能课堂

人工智能在教育行业的应用正在变得越来越重要。随着科技的不断进步，人工智能在教育行业的应用范围也在逐渐扩大。从帮助老师处理教学工作、帮助学生提高学习效率，到通过机器学习提高教学质量，人工智能在教育行业的应用已经发挥了重要作用。

（1）智能课堂的形成原因。智能课堂的形成原因主要有 3 方面。首先，传统的教育模式已经不能满足人们日益增长的教育需求，人们希望能够通过新的教育模式来提高教育质量。其次，科学技术的飞速发展为人工智能提供了有力支持，使得人工智能在教育领域的应用成为可能。最后，随着经济的发展，人们生活水平的提高，对教育的需求也越来越高，人们希望能够通过人工智能来提高教育质量。

（2）智能课堂的优势。智能课堂能够让学生得到更好的学习体验，学习效率更高。智能课堂的优势在于它能够根据学生的学习进度和需要来自动调整课程内容，并且能够个性化地为学生提供学习资料，帮助学生更好地理解课程内容。

（3）智能教育平台的类型。现在，智能教育平台的类型有很多，主要包括自动化教学平台、智能化教学平台和在线教育平台。自动化教学平台主要面向教师，帮助教师实现课程的自动化管理和授课；智能化教学平台主要面向学生，帮助学生实现课堂学习的智能化；在线教育平台主要是面向在校学生和在职人员，帮助他们实现远程在线学习。

（4）智能教育平台应用实例。目前，许多学校和机构已经开始使用智能教育平台来帮助学生学习。例如，清华大学在 2015 年就开始使用智能教育平台"智慧课堂"来帮助学生学习。智慧课堂是一个以云计算为技术基础的在线教育平台，学生可以通过它来获取课程资料、参与课堂活动和考试。智慧课堂的使用显著提高了学生的学习效率和成绩。根据清华大学的统计数据，使用智慧课堂的学生平均每周获得 6.8 个学分，而不使用智慧课堂的学生平均每周只能获得 3.5 个学分。此外，使用智慧课堂的学生考试成绩显著提高，平均成绩提高了 10%。智慧课堂的成功应用表明，智能教育平台可以帮助学生更好地学习，提高学习效率和成绩。人工智能在教育行业的应用正在发挥重要作用，未来还将发挥更大的作用。老师和学生都应该关注这一热门话题，了解人工智能在教育行业的应用，从而更好地利用人工智能帮助自己的学习。

2. 试一试

下面这些代码，小乐不明白有什么区别，一起去运行试一试，帮助小乐解答吧！

任务 20.3 总结与评价

先分组进行总结，分别说出制作过程及体会，写出书面总结。再互相检查制作结果，集体给每一位同学打分。

1. 任务完成调查

任务完成后，不但要进行成果展示，还要进行总结和讨论，总结采用口头总结和书面总结两种形式，口头总结是提高口头表达的好方法，书面总结是提高书面表达的好方法，两者不可偏废。

2. 行为考核指标

行为考核指标，是为做人做事设定的条款，主要进行德育培养，采用批评与自我批评、自育与互育相结合的方法。采用自我考核和小组考核后班级

评定方法。班级每周进行一次民主生活会，就自己的行为指标进行评价。

③. 集体讨论题

集体讨论添加角色的方法，并写出思维导图。

④. 思考与练习

动手让课程中教室的场景更丰富。

[参考文献]

[1]　中央党史和文献研究院.中国共产党一百年大事记[M].北京：人民出版社，
　　　2021.

项目 21　吃水不忘挖井人（上）

　　小乐今天在学校学习了课文《吃水不忘挖井人》，这篇课文讲述了毛主席在江西瑞金城外的村子沙洲坝的事迹。沙洲坝是一个非常缺水的地方，人们喝水都要到很远很远的地方去挑。毛主席为了减轻人们的负担，就带领大家一起在沙洲坝挖了一口井[1]。后人为了纪念毛主席，就在这口井的旁边立了一块碑，上面刻着：吃水不忘挖井人，时刻想念毛主席，如图 21-1 所示。

图 21-1 江西沙洲坝

任务 21.1 制作"红井"

小乐放学回家后，觉得今天学的课文很有意义，想用 3D 软件搭建水井模型，下面叙述搭建思路。

21.1.1 制作思路

本次任务是搭建一个水井，并做出带字的纪念碑。从图 21-2 可知制作水井故事的步骤是搭建场景、添加人物和事件（编程）。

由于任务较多，这里分成两次完成。本次任务是完成搭建场景，需要做的事情较多，首先理清制作步骤，下面就从搭建"红井"开始。

21.1.2 开始搭建"红井"

1. 搭建水井底部

（1）打开 3D 编程软件 Paracraft，输入账号和密码，单击"登录"按钮，再单击"新建作品"按钮。

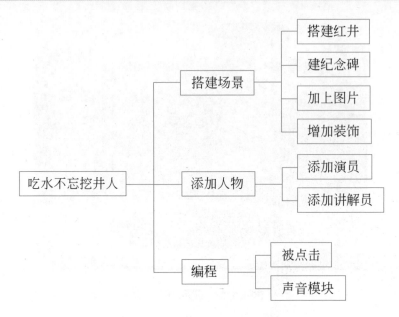

图 21-2 任务 21.1 思维导图

（2）输入世界名称，可以是本次任务的主题，在主题后加入当日日期，选择"大型"和"平坦"，单击"确定"按钮，如图 21-3 所示。

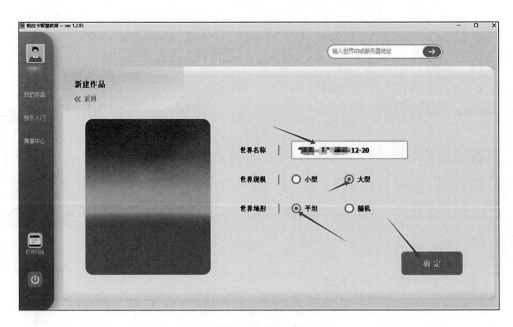

图 21-3 创建新作品

（3）找一块空地，使用 /ring 5 指令来搭建一个半径为 5 的圆环，如图 21-4 所示。

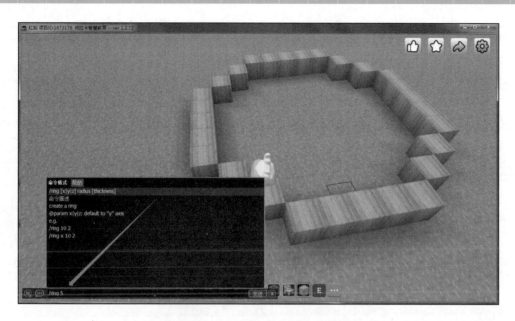

图 21-4　创建水井底部框架

（4）用 Ctrl 键 + 鼠标左键选中外框，移动蓝色 Y 轴往上移到合适的高度并选择"拉伸"，作为井深，如图 21-5 所示。

图 21-5　选中底部向上拉伸

（5）在工具栏选择"建造"→"工具"→"地形笔刷"，如图 21-6 所示。

（6）在地形笔刷中选择放置水，单击井底放置水，如图 21-7 所示。

图 21-6　选中地形笔刷

图 21-7　选中井放置水

② . 搭建纪念碑

水井搭建好了，下面搭建一个纪念碑，并添上文字。

（1）选择一个喜欢的方块，以 Ctrl 键 + 鼠标左键拉伸方块，建立一个石柱，如图 21-8 所示。

图 21-8 搭建一个石柱

（2）在工具栏选择"建造"里面的"装饰"，找到"相册"，单击工具包相册，然后右击放置在石柱上，如图 21-9 和图 21-10 所示。

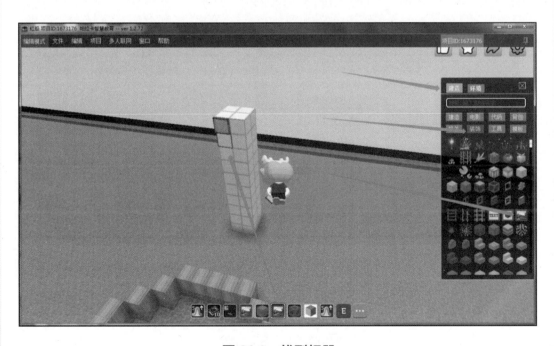

图 21-9 找到相册

3．加上"吃水不忘挖井人，时刻想念毛主席"的图片

石碑建好了，现在需要在石碑上加上纪念语。

图 21-10　放置相册

（1）右击相册，在"选择贴图"对话框单击右下角的文件夹图标，添加一张图片，然后单击"确定"按钮如图 21-11 所示。

图 21-11　添加图片

（2）添加成功后，再次右击相册，选择刚刚加入的图片，并单击"确定"按钮，如图 21-12 和图 21-13 所示。

图 21-12　选择图片

图 21-13　纪念碑完成

4. 增加装饰

整个纪念旧址差不多完成，可以为它加上喜欢的装饰，如种植一些鲜花，如图 21-14 ~ 图 21-16 所示。

图 21-14　找到物理模型

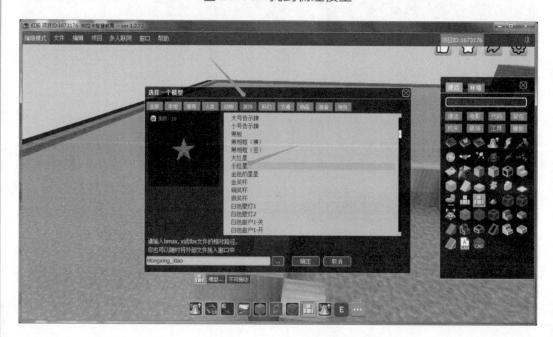

图 21-15　找到五角星

图 21-16　放置装饰

任务 21.2　扩展阅读：水井

水井是主要用于开采地下水的工程构筑物。它可以是竖向的、斜向的和不同方向组合的，但一般以竖向为主，可用于生活取水、灌溉，也可用于躲避隐藏或贮存物品等。

 . 水井

水井对于人类文明的发展有着重大意义。水井出现之前，人类逐水而居，只能生活于有地表水或泉的地方，水井的发明使人类活动范围扩大。中国是世界上开发利用地下水最早的国家之一。中国已发现最早的水井是浙江余姚河姆渡古文化遗址水井，其年代为距今约 5700 年。这是一口相当精巧的方形木结构井，井深 1.35m，边长为 2m。由此推断，原始形态的井的出现，还要早得多。

根据地下水的埋藏分布、含水层岩性结构，人类创造了多种多样的井型。

（1）圆形筒井。中国民间长期使用的是圆形筒井。直径多为 1~2m，深度一般为数米到二三十米，施工时人可直接下入井筒中挖掘土石。这种井只宜于开采浅层地下水。

（2）管井。为了开采深部地下水，发展了口径较小（几厘米到几十厘米）而深度相当大（几十米至几百米）的管井。打管井需要专门的打井机械和采用比较复杂的工艺。早在公元前 250 年，在中国现今的四川省，就在坚硬岩石中大量开凿深达数十米乃至百米以上的井，开采地下卤水煮盐。打井揭露存有卤水的承压含水层后，地下水往往从井中自行流出，这种井便是自流井。中国四川省自流井（今自贡市）的地名即由此而得。现代世界各国主要用管井开采地下水，用动力钻机打井，以各种水泵作为提水工具。中国在 1949 年以前，只有少数城市有少量管井，用动力提水的井为数不多；到了 1980 年，全国动力提水的井发展到 220 万口，广泛用于工矿城镇供水、农业灌溉及其他目的。

（3）斜井和水平井。适应不同的地层条件，发展了斜井和水平的井。为了增大井的出水量，后来又出现了将水平的滤水管与竖向井筒结合起来的辐射井。这种井的主井筒直径可达数米，水平滤水管长数十米到一百多米，宜于开采埋藏浅、厚度小的松散的或半胶结的含水层，也可用于截取河岸及河床下的潜流。沙砾层中的辐射井，出水量最大可达 1 立方米／秒。中国西北部黄土中打的辐射井，出水量往往比同等直径的筒井增加十余倍至数十倍。

（4）坎儿井。中国的坎儿井，如图 21-17 所示，巧妙地适应了干旱地区山前地带的自然条件，既能减少水分蒸发，又便于取水、输水。它包括地下廊道和一系列竖井。地下廊道底部低于地下水位的部分用以截取地下潜流；

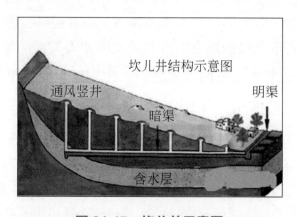

图 21-17　坎儿井示意图

高于潜水位部分用于输水。竖井在开挖地下廊道时用于出土、通风；成井后作为取水及维修的通道。地下廊道出口处，往往还建有储水池。单条坎儿井的长度有达几十千米的。中国新疆仍有多条坎儿井在使用。

试一试

用 /ring 指令来搭建一个水桶，并将其变成一个 bmax 模型。

任务 21.3　总结与评价

先分组进行总结，分别说出制作过程及体会，写出书面总结。再互相检查制作结果，集体给每一位同学打分。

1. 任务完成调查

任务完成后，不但要进行成果展示，还要进行总结和讨论，总结采用口头总结和书面总结两种形式，口头总结是提高口头表达的好方法，书面总结是提高书面表达的好方法，两者不可偏废。

2. 行为考核指标

行为考核指标，是为做人做事设定的条款，主要进行德育培养，采用批评与自我批评、自育与互育相结合的方法。采用自我考核和小组考核后班级评定方法。班级每周进行一次民主生活会，就自己的行为指标进行评价。

3. 集体讨论题

集体讨论让角色动起来的编程方法，并画出思维导图。

4. 思考与练习

自己动手将本项目的场景搭建得更加丰富。

[参考文献]

[1]　陈先云 . 吃水不忘挖井人 [M]. 北京：人民教育出版社，2016.

项目 22　吃水不忘挖井人（下）

　　小乐在课文里学习了《吃水不忘挖井人》的故事，今天他跟着讲解员一起参观了位于江西瑞金城外的沙洲坝村的井的旧址。

任务 22.1　制作"红井"讲解现场

通过讲解员的讲解，小乐深刻了解到，大家能有井水喝，是因为前人已经找到了水源并挖好了水井，全靠前人打下的物质基础才有了今天的幸福日子，做人要懂得在享受成果的同时，不要忘了创造成果的人，做人要懂得饮水思源，一定要知道知恩图报。

22.1.1　制作思路

本任务是做出讲解员讲解事迹的效果。下面是小乐和同学们一起讨论出的思维导图，如图 22-1 所示。一是添加人物，二是事件（编程），本项目学习新的声音模块，编程让讲解员说话，达到逼真有趣的效果。

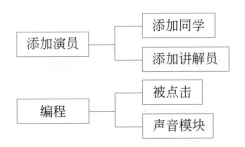

图 22-1　任务 22.1 思维导图

22.1.2　开始制作

1. 进入世界

在添加演员前，需要先进入项目 21 搭建的教室。

（1）打开 3D 编程软件 Paracraft，输入账号和密码，单击"登录"按钮。

（2）找到项目 21 创建的世界"吃水不忘挖井人"，单击"进入"按钮，如图 22-2 所示。

图 22-2　进入世界

2．添加同学

进入世界后开始添加演员。

（1）按 E 键，打开工具栏，选择代码模块，选择代码方块，找到水井旁边的一个角落，右击放置，如图 22-3 所示。

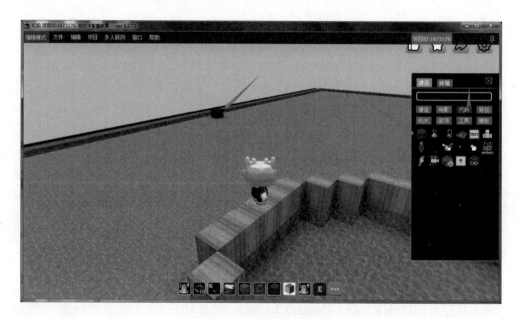

图 22-3　放置代码方块

（2）右击代码方块，会自动生成电影方块和演员，单击角色模型，选择"人类"→ boy4，单击"确定"按钮，如图 22-4 所示。

图 22-4　替换演员

（3）右击电影模块，左下角选择"动作"→"大小"来放大演员，如图 22-5 所示。

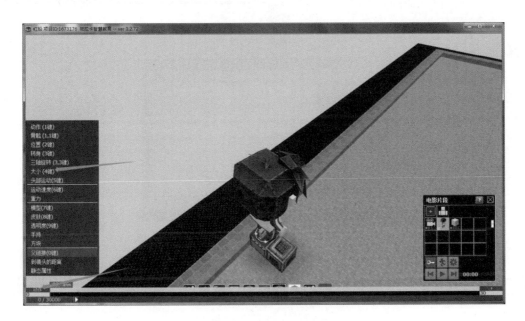

图 22-5　放大演员

（4）单击鼠标中键，将演员移到水井前，如图 22-6 所示。

（5）单击角色模型，查看动作编号，如图 22-7 所示。

图 22-6　移动演员

图 22-7　查看动作编号

（6）右击代码方块，找到"外观"模块，播放动作编号 145，如图 22-8 所示。运行效果如图 22-9 所示。

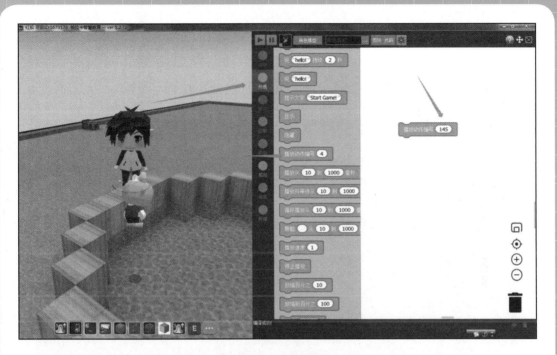

图 22-8 编写程序

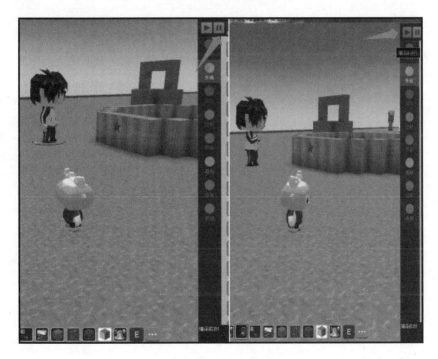

图 22-9 演员鼓掌

（7）用 Ctrl 键 + 鼠标左键，选择代码方块和电影方块，拖动红轴，在"属性"栏选择"复制"，单击"确定"按钮，并复制出一个相同的演员，如

图 22-10 所示。打开复制出的代码方块，替换角色模型为 girl5，单击鼠标中键移到水井的另一边，拖动 X 轴和 Y 轴移到合适的位置，放置一个拉杆，单击拉杆，就可以看到两个演员鼓掌了，如图 22-11 所示。

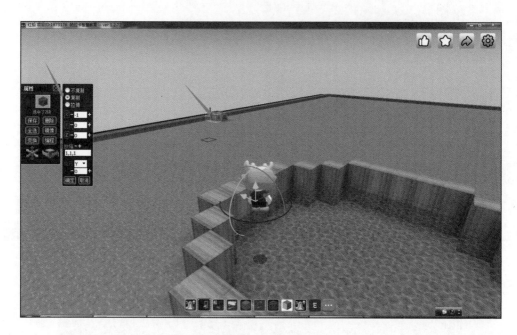

图 22-10　复制方块

图 22-11　复制演员

③.添加讲解员

同学都添加好了，现在添加讲解员。

（1）用上面添加演员的方法添加讲解员，放大角色，并用鼠标滚轮将其移到合适的位置，并编写程序，如图 22-12 所示。

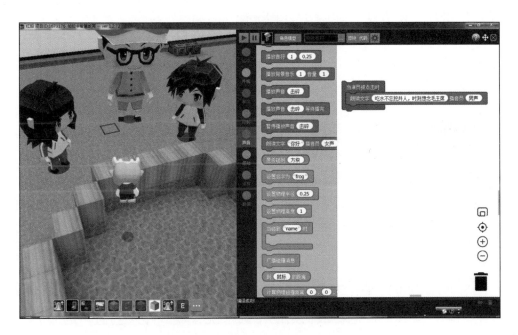

图 22-12　添加讲解员并编写程序

（2）给当前演员输入讲解词，如图 22-13 所示。

图 22-13　输入演讲词

任务 22.2　扩展阅读：纪念碑

通过大家的努力，整个场景已经搭建好了，有些新的指令需要进一步熟悉，并进一步掌握它的使用方法。

1. 判断指令

判断指令的方法，一般是根据自己的理解编写一段短程序，验证理解的正确与否，若正确说明理解对，若不正确再继续查看说明书或上网搜索相关知识，进一步了解清楚并使用。下面这些代码，大家一起来运行调试，以彻底弄清楚指令使用方法，如图 22-14 所示。

  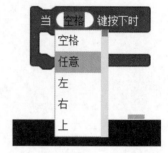

图 22-14　判断指令

2. 纪念碑

纪念碑是为了将某些人类业绩或事件保存于后人心中而建立的建筑物。一座纪念碑，就其最古老与最初始的意义来说，是一件人造物，是为了将某些人类业绩或事件（或两者的综合）保存于后人心中这一特定目的而创立的。它可以是一件艺术文物，也可以是一件书面文物，这取决于是以视觉艺术手段还是借助铭文将所要记忆的事件传达给观者。在很多时候，这两种方式同时并用。在许多国家的语言中，"纪念碑"一词都具有双重含义，既指旧的建筑，又指纯纪念性的标牌。两者之间的差别在于，第一种主要是出于实用目的——至少最初如此，而第二种则以纪念过去为主。旧建筑虽然也有纪念意义，但它们所纪念的往往只是它们赖以形成的时代，而第二种纪念碑却是对于它们设立之前的时代的纪念。简言之，旧建筑形成于过去，而纪念性标牌却是对过去的回忆。

3. 人民英雄纪念碑

人民英雄纪念碑位于北京天安门广场中心，在天安门南约 463 米、正阳门北约 440 米的南北中轴线上，是中华人民共和国政府为纪念中国近现代史上的革命烈士而修建的纪念碑。

1949 年 9 月 30 日，中国人民政治协商会议第一届全体会议决定，为了纪念在人民解放战争和人民革命中牺牲的人民英雄，在首都北京建立人民英雄纪念碑。1949 年 9 月 30 日奠基，1952 年 8 月 1 日开工，1958 年 4 月 22 日建成，1958 年 5 月 1 日揭幕，1961 年被中华人民共和国国务院公布为第一批全国重点文物保护单位之一。

（1）总体构想。

人民英雄纪念碑庄严宏伟的雄姿，具有中国独特的民族风格。在广场中与天安门、正阳门形成一个和谐的、一致的、完整的建筑群。

人民英雄纪念碑呈方形，占地面积为 3000 平方米，分台座、须弥座和碑身 3 部分，总高 37.94 米。台座分两层，四周环绕汉白玉栏杆，四面均有台阶。下层座为海棠形，东西宽 50.44 米，南北长 61.54 米；上层座呈方形。台座上是大小两层须弥座，上层小须弥座四周镌刻有以牡丹、荷花、菊花、垂幔等组成的八个花环。

人民英雄纪念碑下层须弥座束腰部四面镶嵌八幅巨大的汉白玉浮雕，分别以"虎门销烟""金田起义""武昌起义""五四运动""五卅运动""南昌起义""抗日游击战争""胜利渡长江"为主题。在"胜利渡长江"的浮雕两侧，另有两幅以"支援前线"和"欢迎中国人民解放军"为题的装饰性浮雕。浮雕高 2 米，总长 40.68 米，浮雕镌刻着 170 多个人物形象，生动而概括地表现出中国人民 100 多年来，特别是在中国共产党领导下 28 年来反帝反封建的伟大革命斗争史实。

碑身东西两侧上部，刻着以红星、松柏和旗帜组成的装饰花纹，象征着先烈的革命精神万年长存。小碑座的四周，雕刻着以牡丹花、荷花、菊花等组成的八个大花圈，这些花朵象征着品质高贵、纯洁，表示全国人民对英雄的永远怀念和敬仰。碑顶是民族传统的建筑形式，是上有卷云下有重幔的小庑殿顶。

（2）镌刻碑文。

人民英雄纪念碑主体建筑为两层须弥座承托着高大的碑身。碑身是一块长 14.7 米、宽 2.9 米、厚 1 米、重达 60 多吨的大石。碑身正面（北面）镌刻有毛泽东 1955 年 6 月 9 日的题词"人民英雄永垂不朽"八个金箔大字；背面是毛泽东起草、周恩来题写的金箔制成的小楷字体的碑文，毛泽东以一个诗人的气魄，为该纪念碑起草了碑文，并在 1949 年 9 月 30 日所举行的该纪念碑的奠基典礼上亲自朗读了碑文：

"三年以来，在人民解放战争和人民革命中牺牲的人民英雄们永垂不朽！

三十年以来，在人民解放战争和人民革命中牺牲的人民英雄们永垂不朽！

由此上溯到一千八百四十年，从那时起，为了反对内外敌人，争取民族独立和人民自由幸福，在历次斗争中牺牲的人民英雄们永垂不朽！"

上述碑文又被简称为"三个永垂不朽"。碑文中的"三个永垂不朽"中的"三年以来"是指 1946 年开始的解放战争；"三十年以来"是指自 1919 年五四运动起的新民主主义革命斗争到 1949 年中华人民共和国成立；而 1840 年则是中国遭受外敌侵略的开始，从 1840 年鸦片战争开始，中国从此弥漫着滚滚硝烟，成为了半殖民地半封建国家。这 3 个时间段中，都有中国爱国志士的不屈抗争！其中还有很多人为之献出了生命。碑身两侧装饰着用五星、松柏和旗帜组成的浮雕花环，象征人民英雄的伟大精神万古长存。整座纪念碑用 17 000 多块花岗石和汉白玉砌成，肃穆庄严，雄伟壮观。

 任务 22.3　总结与评价

先分组进行总结，分别说出制作过程及体会，写出书面总结；再互相检查制作结果，集体给每一位同学打分。

1. 任务完成调查

任务完成后，不但要进行成果展示，还要进行总结和讨论，总结采用口头总结和书面总结两种形式，口头总结是提高口头表达的好方法，书面总结是提高书面表达的好方法，两者不可偏废。

②. 行为考核指标

行为考核指标，是为做人做事设定的条款，主要进行德育培养，采用批评与自我批评、自育与互育相结合的方法。采用自我考核和小组考核后班级评定方法。班级每周进行一次民主生活会，就自己的行为指标进行评价。

③. 集体讨论题

集体讨论让对象说话的编程方法，并画出思维导图。

④. 思考与练习

编程制作，让说话的场景更加丰富。

项目 23 延安大生产运动（上）

　　小乐今天跟着老师来到南泥湾大生产运动旧址[1]。在老师的介绍下，小乐了解到，延安大生产运动是抗日战争时期中国共产党领导抗日根据地军民开展的以自给为目标的大规模生产自救运动，主要开展农业生产，兼办工业、手工业、运输业、畜牧业和商业。党政机关、部队、学校普遍参加生产运动，逐步达到粮食、经费自给、半自给或部分自给。同时，实行公私兼顾，军民兼顾，组织劳动互助，发展人民经济，以改善人民生活和保障供给。

任务 23.1　制作大生产场景

小乐了解到，大生产运动达到了自己动手、丰衣足食、共渡难关，既进行革命，又进行生产自足的目的。边区许多部队粮食、经费全部达到自给，实现了"自己动手、丰衣足食"的目标。

23.1.1　制作思路

本次任务是根据参观的图片，先搭建一片荒地，然后创建士兵并作出努力劳动的效果。下面是小乐和同学们一起讨论出的思维导图，如图 23-1 所示。

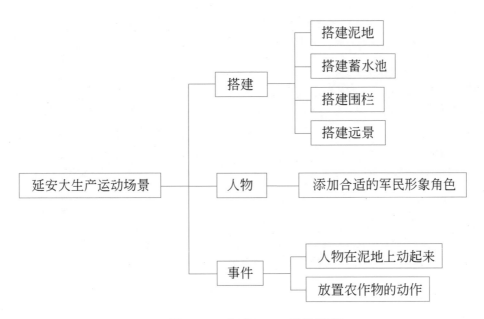

图 23-1　任务 23.1 思维导图

延安大生产运动场景的制作思路如下。第一步搭建泥地、蓄水池和围栏，添加远处背景；第二步构建军民生产场景；第三步编程，使人物和植物动起来，更加生动有趣。由于任务较多，需要分成两次完成。本次任务是完成搭建场景，需要做的事情较多，首先厘清制作步骤，下面就从搭建大生产场景开始。

23.1.2 大生产场景制作

①. 搭建泥地

创建新世界，开始搭建。

（1）打开 3D 编程软件 Paracraft，输入账号和密码，单击"登录"按钮，再单击"新建作品"按钮。

（2）输入世界名称，可以是本项目的主题，在主题后加入当日日期，选择"大型"和"平坦"，单击"确定"按钮。

（3）使用 Ctrl 键 + 鼠标左键来选择一片长方形的空地，作为要开垦土地的区域，如图 23-2 所示。

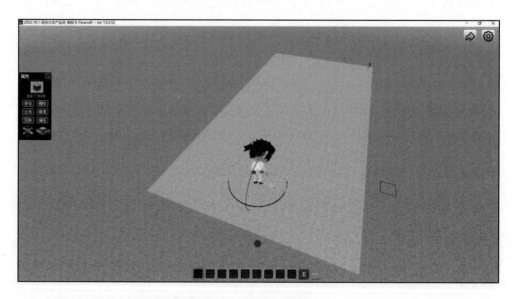

图 23-2　确定开垦区域

（4）在工具栏里选择"建造"下的"耕地方块 id：13"，在背包栏单击就可以替换地上的草皮方块了，如图 23-3 所示。

②. 搭建蓄水池

耕地做好后就可以在两旁修建蓄水沟。

（1）关闭窗口，用 Ctrl 键 + 鼠标左键选择一排方块，单击"属性"窗口里的蓝轴，向下沉入 3 格，用同样的方法，将另一边也这样设置，如图 23-4 所示。

图 23-3　替换草皮方块

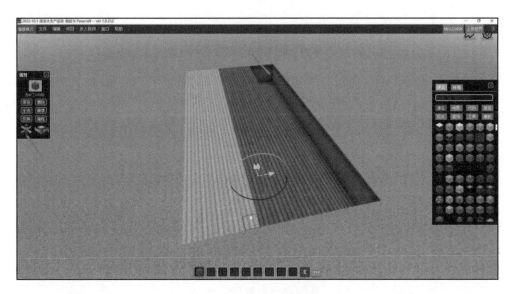

图 23-4　做出蓄水沟

（2）在工具栏选择工具模块，找到地形笔刷，单击背包栏里的地形笔刷，再单击填充水笔刷，在修建的蓄水沟里面，长按鼠标左键来放满水，如图 23-5 所示。

3. 搭建围栏

蓄水池做好后，可以给耕地搭建围栏。

图 23-5　放满水

（1）在工具栏选择装饰模块，单击"栏杆 id:101"，右击放置在水池旁边，用 Ctrl 键 + 鼠标左键进行拉伸，选择"属性"窗口里的"拉伸"，单击"确定"按钮，如图 23-6 所示。用同样的方法，将四周围起来。

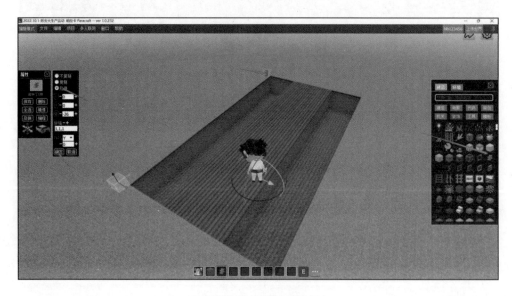

图 23-6　搭建围栏

（2）单击工具栏，选择机关模块里面的"木门 id：232"，单击可以清除一个栏杆，右击放置木门，如图 23-7 所示。

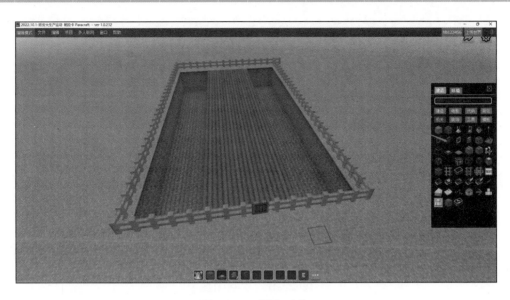

图 23-7 　增加木门

4. 添加远处背景

围栏做好后，参考当时的照片，可以给后面的背景添加一些山峦，作为耕地的衬托，这样更加接近现实中的场景。

在工具栏选择工具模块，单击"地形笔刷 id:10067"，如图 23-8 所示。回到场景中，找到合适的位置，单击，或多次单击，如图 23-9 所示。若使用笔刷呈现的效果不好，可以用 Ctrl+Z 组合键撤销上一步，重新绘制。

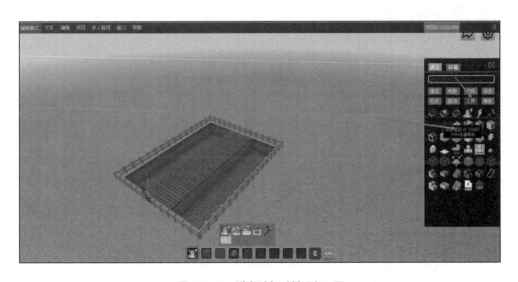

图 23-8 　选择地形笔刷工具

图 23-9　绘制山峦

任务 23.2　扩展阅读：山的形成

在任务 23.1 中绘制了山峦场景，那么，山是如何形成的呢？

1. 山的形成

地球上有许许多多的山，但是你可能不知道的是，这些山脉原本可能是从平地上生长起来的！

当时人类脚下的地面并不像想象的那样结实平稳，地面是由一大块一大块可以移动的地壳板块组成的，而且并不都是非常紧密地连在一起。由于受到各种力的作用，地壳表面在不断运动和变化，它们互相碰来碰去，挤来挤去，就使一些地方越挤越高，日久天长就形成了现在看到的山。原来有的海底会逐渐上升，变成新的山。由于火山喷发或其他原因也会形成山。

2. 喜马拉雅山

在大约 6000 万年前，印度大陆与亚洲大陆之间还存在一个巨大的海洋，地质学家将其称为新特提斯洋。现今沿雅鲁藏布江分布的一些岩石是这个大洋保留下来的残余洋壳。这个古大洋南部为印度大陆，北部为亚洲大陆。随着新特斯洋壳向北部的亚洲大陆之下俯冲，在亚洲大陆南缘形成一系列火山，并形成了海拔大于 4500 米的山脉，即现在的冈底斯山脉。

在大约 5000 万年前，随着印度大陆板块继续向北漂移，新特提斯洋逐渐消失，印度大陆与亚洲大陆发生碰撞，喜马拉雅造山运动开始。在两个大陆碰撞后，印度大陆开始向亚洲大陆之下俯冲，将位于印度大陆表层的岩石带入地球深处，经历高温高压变质后形成了坚硬的变质岩。在喜马拉雅山脉的西段，印度大陆地壳俯冲的深度可能超过 100 千米，形成了超高压变质岩，而在喜马拉雅山脉的东段，印度大陆地壳的俯冲深度为 40~60 千米，形成了高压变质岩。这一时期，两个大陆碰撞导致的强大挤压力，使喜马拉雅山脉开始形成。

在大约 3000 万年前，俯冲到地球深部并经历了高压、超高压变质的印度大陆地壳岩石在浮力和挤压力的共同作用开始向地球浅部上升，并出露到地表，也就是现今所看到的变质程度最高的喜马拉雅山脉核部物质。

在大约 2000 万年前，随着两个大陆继续汇聚和地下深处岩石的不断回返，喜马拉雅山不断崛起，直至形成现今世界上海拔最高的山脉。值得一提的是，印度大陆至今仍在向亚洲大陆之下俯冲，也就是说，喜马拉雅造山运动至今仍未结束。根据最新的观测数据，珠穆朗玛峰每年以 1 厘米的速度在升高，强烈地影响着东亚大陆和南亚次大陆的气候和生态环境。

喜马拉雅山脉的隆升非常晚，大约在距今 2500 万年到 2000 万年前才快速隆升。而大概在距今 1500 万年前，才形成了现在这样的青藏高原。

任务 23.3　总结与评价

先分组进行总结，分别说出制作过程及体会，写出书面总结。再互相检查制作结果，集体给每一位同学打分。

1. 任务完成调查

任务完成后，不但要进行成果展示，还要进行总结和讨论，总结采用口头总结和书面总结两种形式，口头总结是提高口头表达的好方法，书面总结是提高书面表达的好方法，两者不可偏废。

2．行为考核指标

行为考核指标，是为做人做事设定的条款，主要进行德育培养，采用批评与自我批评、自育与互育相结合的方法。采用自我考核和小组考核后班级评定方法。班级每周进行一次民主生活会，就自己的行为指标进行评价。

3．集体讨论题

集体讨论山峦的制作方法，并画出思维导图。

4．思考与练习

自己动手将生产场景搭建得更丰富、美丽。

[参考文献]

[1]　项小米 . 南泥湾大生产 [M]. 北京：解放军出版社，2015.

项目 24　延安大生产运动（下）

小乐跟着 [遮挡] 参观，在老师的介绍下，小乐 [遮挡] 是边区大生产运动的重要组成 [遮挡] 下进行的。大生产运动一开始 [遮挡] 面工作，一面学习，一面生产" [遮挡] 策，正确领导机关、学校的生 [遮挡] 川，亲自躬行，与人民群众一 [遮挡] 出时间在杨家岭自己住的窑洞 [遮挡] 种蔬菜[1]。他经常利用休息时 [遮挡] 田间管理。工作人员说他工作 [遮挡] 笑着对大家说："自己动手克服 [遮挡] 我应该和同志们一样，响应党 [遮挡]

任务 24.1　制作动态大生产场景

在项目 23 中，小乐通过学习制作了大生产运动的场景，根据思维导图，本次任务是使作品更加完善。

24.1.1　制作思路

根据思维导图，读者可以想想下一步做什么，可能会用到什么代码，如何通过编辑代码达到自己想要实现的效果？本次任务的工作主要有两项，如图 24-1 所示。一是添加人物，制作士兵和群众，让人数尽量多；二是编程，编程使人物动起来，达到逼真有趣的效果。

1. 人物 —— 添加合适的军民形象角色

2. 事件 —— 人物在泥地上动起来

放置农作物的动作

图 24-1　任务 24.1 思维导图

24.1.2　开始编程制作

大生产场景已经搭建好，下面通过编程让人物动起来，让场景更加逼真，更加符合实际情况。

1. 进入世界

在开始编程前，需要先进入项目 23 搭建的教室。具体步骤如下。

（1）打开 3D 编程软件 Paracraft，输入账号和密码，单击"登录"按钮。

（2）找到项目 23 创建的世界——延安大生产运动，单击"进入"按钮，如图 24-2 所示。

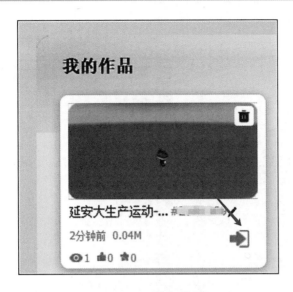

图 24-2　进入世界

2. 添加人物

根据当时背景，添加人物。

（1）打开工具栏，在电影模块下选择代码方块，并且右击放在旁边，如图 24-3 所示。

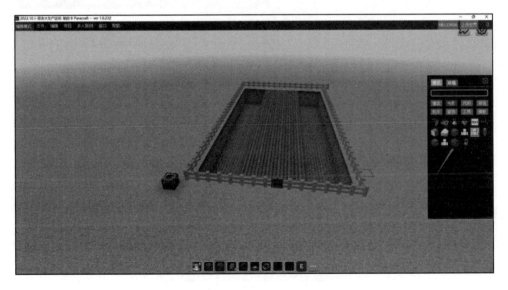

图 24-3　添加代码方块

（2）右击代码方块，单击进入图块编程界面，通过鼠标滚轮移动人物到耕地的起始位置，长按左键拖动人物下面的蓝色转向轴，可以给人物调整朝向，如图 24-4 所示。

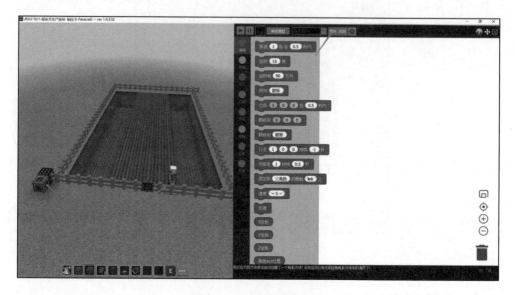

图 24-4　放置人物位置

（3）单击角色模型，在"人类"中选择士兵等符合时代背景的人物，如图 24-5 所示。

图 24-5　选择人物模型

3. 让人物动起来

添加好人物后，通过编程让人物动起来。

（1）在编程模式下，先放入运动模块下的前进 1 秒在 0.5 秒内，接着按 Ctrl 键＋鼠标左键选择耕地的长度，然后在控制模块拖入重复指令，把重复次数改成耕地长度。放置等待时间指令，如图 24-6 所示。

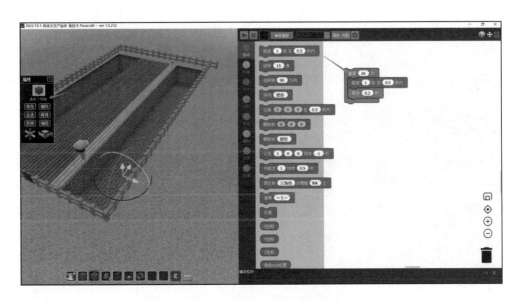

图 24-6　设置人物移动步数

（2）退出编程模式，单击工具栏，选择"装饰"模块下的小麦，记住小麦的 id 是 164，如图 24-7 所示。

图 24-7　找到小麦 id

在编程界面的"感知"模块下找到放置代码，输入 164，此时可以发现这个坐标需要人物自身的坐标，在"运动"模块里把坐标拖入，接着运行代码观察整体效果，如图 24-8 所示。

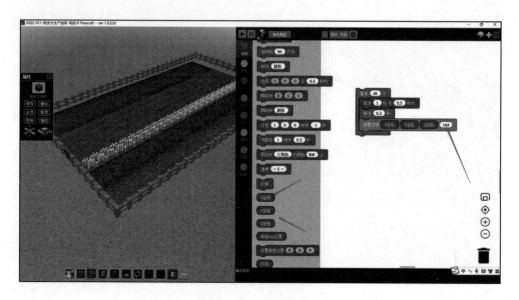

图 24-8　放置方块

任务 24.2　扩展阅读：小麦

大生产运动项目已经完成了，那么，你知道小麦的起源和种植方法吗？

1. 小麦的起源

按照考古学家在中亚许多地方发掘的小麦遗存推论，小麦是新石器时代的人类对其野生祖先驯化的产物，栽培历史已有 1 万年以上。其后，从西亚、近东一带传入欧洲和非洲，并东向印度、阿富汗、中国等地传播。《中国农业百科全书·农作物卷》有如下记载：早在公元前 7000—公元前 6000年，在土耳其、伊朗、巴勒斯坦、伊拉克、叙利亚、以色列就已广泛栽培小麦；公元前 6000 年在巴基斯坦，公元前 6000—公元前 5000 年在欧洲的希腊和西班牙，公元前 5000—公元前 4000 年在外高加索和土库曼斯坦，公元前

4000 年在非洲的埃及，公元前 3000 年在印度，公元前 2000 年在中国，都已先后种植小麦。

从考古学和实际情况看，中国可能是小麦的发源地之一，只不过较之西亚稍晚而已。从许多出土小麦文物推测出，中国最早的小麦栽培证据距今至少已有 5000 年，在距今 4000—3000 年前，小麦不仅在中国西部已有广泛栽培，而且在南部、东部和中部也有种植。

② 小麦的种植

小麦是我国主要粮食作物之一，也是全球重要的农作物之一。种植小麦不仅可以提供丰富的粮食资源，还对农村经济和农民收入具有重要意义。然而，要获得高产、优质的小麦收成，农民需要掌握正确的种植技术和管理方法。接下来介绍小麦的种植。

（1）地块选择与准备。选择合适的地块是种植小麦的首要任务。小麦喜欢生长在阳光充足、排水良好、土壤深厚、肥沃的土地上。种植者应优先选择无污染、无病虫害的土壤，避免选择连作地或含盐碱过高的土壤。

在种植前，要对土壤进行测试，了解土壤的 pH、有机质含量和养分水平。根据土壤测试结果，合理施用有机肥和化肥，以提高土壤肥力。小麦对氮、磷、钾的需求较高，可以根据土壤养分情况施用适量的复合肥，确保小麦苗期和生长期的养分供应。

（2）品种选择。小麦品种的选择直接影响着产量和品质。不同地区的气候和土壤条件适合不同类型的小麦品种。例如，冬小麦适合种植在寒冷地区，而春小麦适合种植在温暖地区。在选择小麦品种时，农民要考虑当地的气候、土壤和水资源等因素，选择适应性强、抗逆性好的品种。

（3）播种时间。小麦的播种时间是成功种植的关键。一般来说，冬小麦的最佳播种期在 10 月中旬至 11 月初，春小麦的最佳播种期在 3 月中旬至 4 月初。在播种前，要观察天气预报，选择适宜的气候条件，避免遭受严寒或严重干旱的影响。

（4）播种密度。适当的播种密度是保障小麦产量的重要因素之一。播种密度过大会导致小麦植株间竞争激烈，影响穗粒饱满度和单穗粒重，从而影响产量。播种密度过小则容易造成土壤水分、养分的浪费，降低产量。农民应根据小麦品种、土壤条件和气候特点，选择适宜的播种密度。一般来说，冬小麦的适宜播种密度为每亩 160~200kg，春小麦的适宜播种密度为每亩 130~150kg。

（5）播种技术。播种技术直接影响着小麦的出苗率和苗期生长状况。在播种前要选用优质的种子，并进行种子处理，如浸种、热水处理等，以提高种子的萌发率和抗逆性。播种时要控制好播种深度和播种均匀性，避免种子过浅或过深，保证植株的整齐和密度的均匀。

（6）灌溉与排水。小麦对水分的需求较大，特别是在拔节到灌浆期，要合理安排灌溉，确保小麦的水分供应。但同时也要注意避免过量灌溉造成土壤过湿，以免影响小麦根系的通气和生长。在播种后，还要做好排水措施，防止积水对小麦生长的不利影响。

（7）施肥管理。小麦对养分的需求较大，尤其是氮肥和磷肥。在播种后要根据小麦生长期的需要，适时进行追肥。一般来说，拔节期和灌浆期是小麦对养分需求最大的时期，这时可以进行氮肥和磷肥的追施，有助于提高小麦的产量和品质。

（8）病虫害防治。小麦生长过程中容易受到一些病虫害的侵袭，如条锈病、蚜虫、螟虫等。在种植过程中要及时观察和发现病虫害，采取有效的防治措施。可以采用农药喷雾、病虫害防治剂等进行防治，但要注意使用安全间隔期和使用剂量，避免对农作物和环境造成不良影响。

（9）收获与储存。小麦一般在拔节期后开始成熟，收获时要选择天气晴朗、无雨的时段进行。在收获时要使用合适的收获机械，控制好收割高度和收割速度，以减少损耗。收获后的小麦要及时进行干燥，将水分控制在 13%以下，以防止霉变和变质。储存时要选择干燥、通风、无虫害的仓库，避免小麦受潮和发生质量问题。

（10）市场销售。在小麦丰收后，可以选择适宜的销售时机，将小麦出售给粮食企业或市场，实现经济效益，也可以选择进行深加工，生产小麦制品，增加附加值。同时，还要关注市场行情，了解小麦的价格走势，选择适宜的销售时机，确保获得较好的销售价格。

 任务 24.3　总结与评价

先分组进行总结，分别说出制作过程及体会，写出书面总结。再互相检查制作结果，集体给每一位同学打分。

①. 任务完成调查

任务完成后，不但要进行成果展示，还要进行总结和讨论，总结采用口头总结和书面总结两种形式，口头总结是提高口头表达的好方法，书面总结是提高书面表达的好方法，两者不可偏废。

②. 行为考核指标

行为考核指标，是为做人做事设定的条款，主要进行德育培养，采用批评与自我批评、自育与互育相结合的方法。采用自我考核和小组考核后班级评定方法。班级每周进行一次民主生活会，就自己的行为指标进行评价。

③. 集体讨论题

集体讨论让人物动起来的编程方法，并画出思维导图。

④. 思考与练习

研究在编程环节还能加哪些代码，使最终效果更加丰富美丽。

[参考文献]

[1]　中共中央党史研究室 . 中国共产党历史第一卷（1921—1949）下册 [M]. 北京：
　　　中共党史出版社，2002.

项目 25　升旗（上）

　　今天是星期一，小乐学校早上举行升旗仪式，小乐在国旗下思考，国旗为什么是这样的？每一个五角星有什么意义呢？小乐带着这些疑问回家查阅了资料，知道了国旗的含义。中华人民共和国国旗是五星红旗，在左上角镶有五颗黄色五角星，旗帜图案中的四颗小五角星围绕在一颗大五角星右侧呈半环形。红色的旗面象征革命，五颗五角星及其相互联系象征着中国共产党领导下中国人民的团结。该旗的设计者是曾联松[1]，是一名来自浙江瑞安的普通工人。

任务 25.1 制作升旗场景

小乐参加升旗仪式后心情澎湃，想要将升旗场景制作出来，本次任务制作升旗场景。

25.1.1 升旗场景制作思路

开始动手之前，先要进行整体设计，开动脑筋思考一下，如果要搭建这样的升旗场景，从哪个步骤开始比较好？可以从整体到局部开始搭建，先搭建升旗台，再搭建升旗杆，最后搭建旗子，思维导图如图25-1所示。

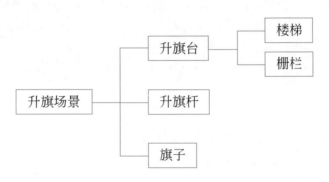

图 25-1 升旗场景思维导图

25.1.2 开始制作升旗场景

根据思维导图，结合之前学的内容，可以自由设计，下面提供制作步骤和详细解释，供参考。

① . 搭建升旗台

在开始搭建之前，可以想象平时看见的升旗台是什么样子的，找到类似的材质方块进行还原。

（1）打开 3D 编程软件 Paracraft，输入账号和密码，单击"登录"按钮，再单击"新建作品"按钮。

（2）输入世界名称，可以是这节课的主题，在主题后加入当日日期，选择"大型"和"平坦"，单击"确定"按钮。

（3）在工具栏选择"建造"选项卡，找到彩色方块，选择白色方块，如图 25-2 所示。

图 25-2 选择白色方块

（4）按 / 键，在屏幕左下角弹出的对话框里输入 box 15 2 15,按回车键建立一个升旗台，如图 25-3 所示。

图 25-3 建立升旗台

（5）在工具栏选择"建造"，找到沙石楼梯，在台子两边搭建楼梯，然后用 Shift 键 + 鼠标右键一步搭建楼梯，如图 25-4 所示。

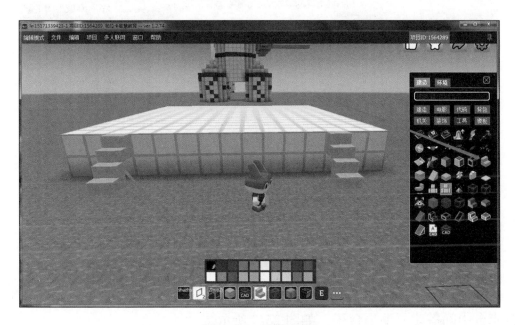

图 25-4 搭建楼梯

（6）在工具栏选择"彩色栅栏"，选择红色，如图 25-5 所示。

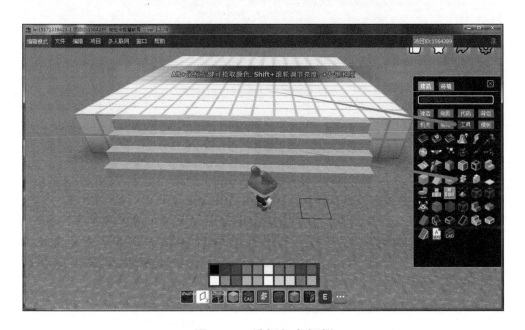

图 25-5 选择红色栅栏

（7）使用 Shift 键 + 鼠标右键搭建栅栏，如图 25-6 所示。

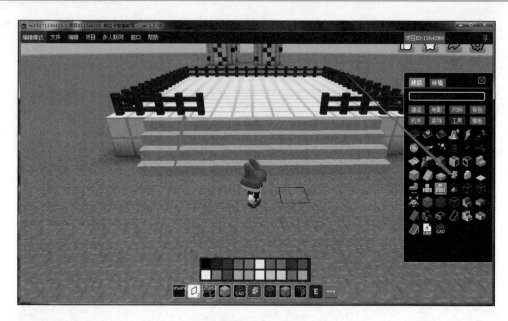

图 25-6　搭建栅栏

（8）按 / 键，在屏幕左下角弹出的对话框里输入 box 3 1 3，按回车键在升旗台中间搭建一个小台子，如图 25-7 所示。

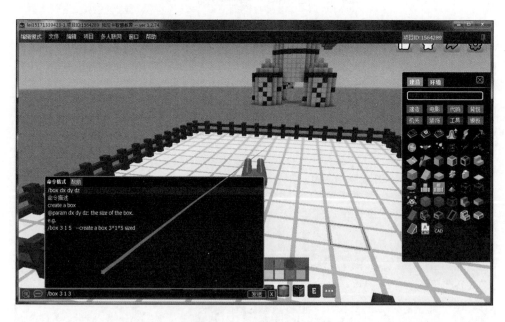

图 25-7　搭建小台子

② . 搭建升旗杆

（1）在工具栏找到彩色方块，选择白色，在中间的小台子上搭建升旗杆，如图 25-8 所示。

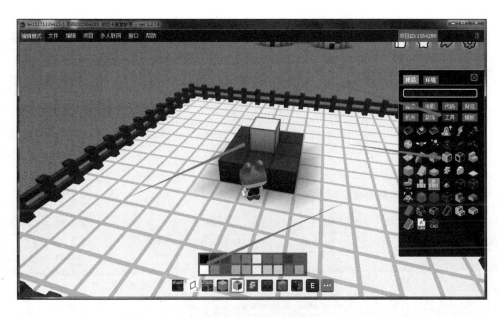

图 25-8　搭建升旗杆

（2）使用 Ctrl 键 + 鼠标左键进行拉伸，完成旗杆的搭建，如图 25-9 所示。

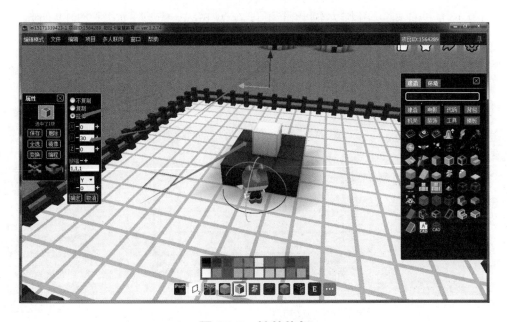

图 25-9　拉伸旗杆

3. 搭建旗子

（1）按 / 键，在屏幕左下角弹出的对话框里输入 box 11 1 20，按回车键搭建一面旗子，如图 25-10 所示。

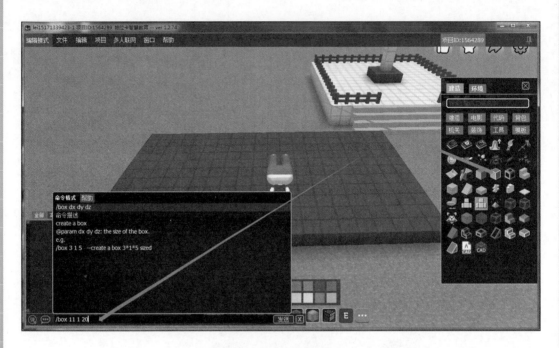

图 25-10　搭建旗子

（2）按 Ctrl 键 + 鼠标左键将旗子保存为 bmax 模型，如图 25-11 所示。

图 25-11　保存为 bmax 模型

任务 25.2　扩展阅读：升旗知识（上）

大家都知道我国的国歌是《义勇军进行曲》，国旗是五星红旗，那么，大家知道国歌的创作意义吗，知道五星红旗的含义和制作细节吗？

1. 国歌

1945 年，联合国成立时，《义勇军进行曲》作为代表中国的歌曲演奏。第二次世界大战即将结束之际，《义勇军进行曲》被选入反法西斯盟军凯旋的曲目。世界反法西斯战争取得胜利，同盟国集会时，《义勇军进行曲》被选为代表中国的歌曲。《义勇军进行曲》以其高昂激越、铿锵有力的旋律和鼓舞人心的歌词，表达了中国人民对帝国主义侵略的强烈愤恨和反抗精神，体现了伟大的中华民族在外侮面前勇敢、坚强、团结一心共赴国难的英雄气概。

2. 国旗

国旗是代表主权国家的旗帜，是近代西方主权国家出现后的产物。16 世纪前，尚不存在"民族国家"或"主权"的概念，所以没有象征民族主权国家的国旗。中国古代一般认为"普天之下，莫非王土"，历代皇朝既没有也不需要"国旗"。中华人民共和国成立后专门设计了国旗。

1）含义

中国国旗旗面为红色，长方形，长和高之比为 3 : 2，左上方缀五颗黄色五角星，一星较大，其外接圆直径为旗高 3/10，居左；四星较小，其外接圆直径为旗高 1/10，环拱于大星之右。国旗旗面之红色象征革命。星用黄色是为了在红地上显出光明。旗上的五颗五角星及其相互关系，象征中国共产党领导下的革命人民大团结。四颗小五角星各有一尖正对大五角星的中心，代表着围绕一个中心的团结。大五角星象征着中国共产党，四颗小五角星象征着工人阶级、农民阶级、城市小资产阶级和民族资产阶级。

1949 年通过的《关于中华人民共和国国都、纪年、国歌、国旗的决议》

规定，中华人民共和国的国旗为"红地五星旗，象征中国革命人民大团结。"这也是国旗目前最为准确的官方定义。

2）国旗制作

中国人民政治协商会议第一届全体会议主席团在 1949 年 9 月 28 日公布了国旗的制法。中华人民共和国国家质量监督检验检疫总局和中国国家标准化管理委员会颁布的 GB 12982—2004《国旗》标准中亦给出了国旗的制法说明。

先将旗面划分为 4 个等分长方形，再将左上方长方形划分长宽为 15×10 个方格。大五角星的中心位于该长方形上 5 下 5、左 5 右 10 之处。大五角星外接圆的直径为 6 单位长度。四颗小五角星的中心点，第一颗位于上 2 下 8、左 10 右 5，第二颗位于上 4 下 6、左 12 右 3，第三颗位于上 7 下 3、左 12 右 3，第四颗位于上 9 下 1、左 10 右 5 之处。每颗小五角星外接圆的直径均为 2 单位长度。四颗小五角星均有一角尖正对大五角星的中心点。

任务 25.3　总结与评价

先分组进行总结，分别说出制作过程及体会，写出书面总结。再互相检查制作结果，集体给每一位同学打分。

1. 任务完成调查

任务完成后，不但要进行成果展示，还要进行总结和讨论，总结采用口头总结和书面总结两种形式，口头总结是提高口头表达的好方法，书面总结是提高书面表达的好方法，两者不可偏废。

2. 行为考核指标

行为考核指标，是为做人做事设定的条款，主要进行德育培养，采用批评与自我批评、自育与互育相结合的方法。采用自我考核和小组考核后班级评定方法。班级每周进行一次民主生活会，就自己的行为指标进行评价。

③. 集体讨论题

上网搜索软件名称各快捷键的使用方法，并进行思维导图式讨论。

④. 思考与练习

研究在制作环节还能进行哪些调整，使升旗台效果更好。

[参考文献]

[1]　余振棠 . 瑞安历史人物传略 [M]. 杭州：浙江古籍出版社 , 2006.

项目 26　升旗（下）

项目 25 完成了升旗场景的制作，本项目完成升旗动作和人物行注目礼。

任务 26.1　升旗动作和人物行注目礼

升旗是进行爱国主义教育和集体主义教育的重要手段。在升国旗时应注意，无论手头有什么事情，都要对国旗行注目礼，少先队员行队礼，军人行军礼。

26.1.1　升旗编程思路

如果想要将旗子升上去，从哪个步骤开始比较好？升旗的基本设计思维导图如图 26-1 所示。

图 26-1　升旗的基本设计思维导图

从图 26-1 可知，编程时应先编写旗子上升的程序，再通过角色来编写行注目礼的程序，最终完成整个升旗场景制作。

26.1.2　开始升旗编程

接下来介绍旗子上升程序和人物行注目礼程序的具体制作步骤。

1. 编写旗子上升的程序

编写旗子上升程序的具体步骤如下。

（1）打开 3D 编程软件 Paracraft，输入账号和密码，单击"登录"按钮。

（2）打开项目 25 所创建的世界，单击"进入"按钮，如图 26-2 所示。

（3）按 E 键，打开工具栏，选择代码方块，在升旗台旁边，右击放置代码方块，如图 26-3 所示。将角色改为"本地"模块中的"旗子"，如图 26-4 所示。

图 26-2　进入世界

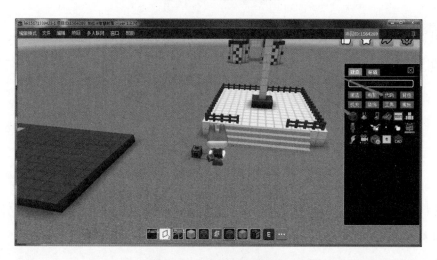

图 26-3　选择代码方块

图 26-4　找到"本地"模块中的"旗子"

（4）右击电影方块，在左下角"大小"标签页改变旗子的大小，如图 26-5 所示。右击电影方块，在左下角"位置"标签页改变旗子的位置，如图 26-6 所示。

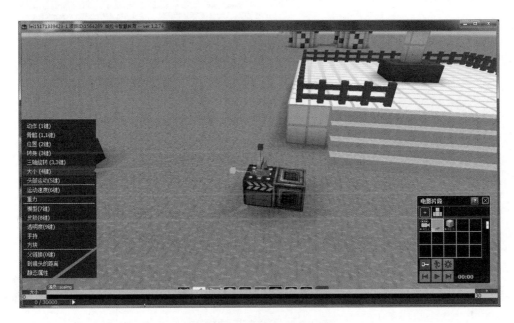

图 26-5　改变旗子的大小

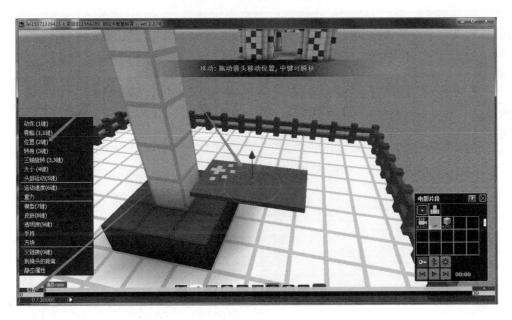

图 26-6　改变旗子的位置

（5）右击运动代码，找到旋转代码，改变 Z 坐标，让它旋转 90°，让旗子立起来，如图 26-7 所示。找到位移代码，改变 Y 坐标，时间为 3 秒，让旗子慢慢升上去，如图 26-8 所示。

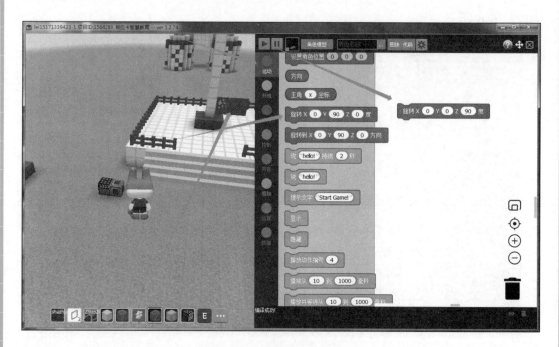

图 26-7 让旗子立起来

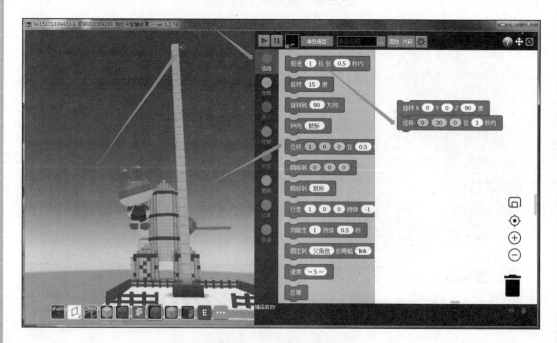

图 26-8 让旗子升起来

2. 人物行注目礼

（1）按 E 键，打开工具栏，选择代码方块，如图 26-9 所示。在代码方块中找到 boy04，如图 26-10 所示。

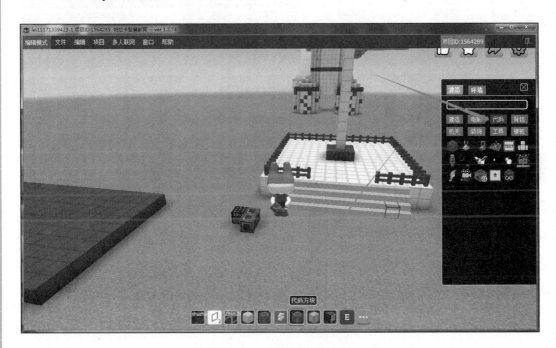

图 26-9 找到代码方块

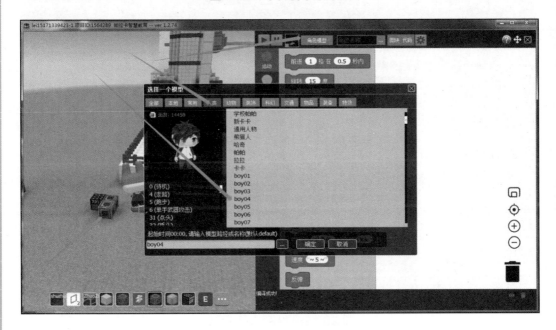

图 26-10 找到角色

（2）单击鼠标中键，移动角色位置，如图 26-11 所示。复制人物方块，如图 26-12 所示。改变角色，如图 26-13 所示。

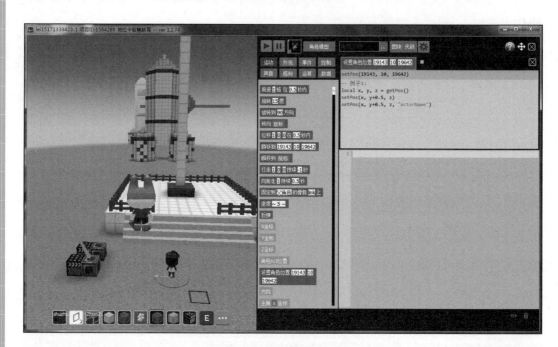

图 26-11　移动角色位置

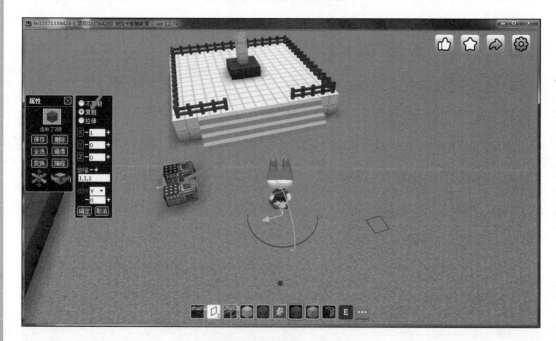

图 26-12　复制人物方块

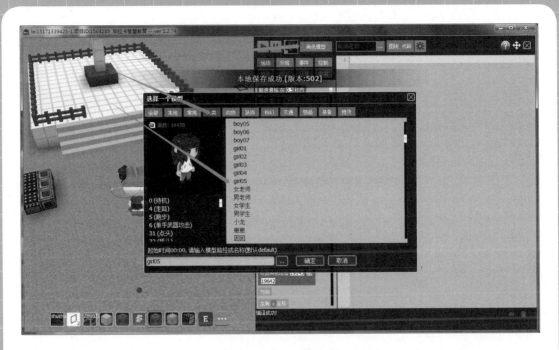

图 26-13　改变角色

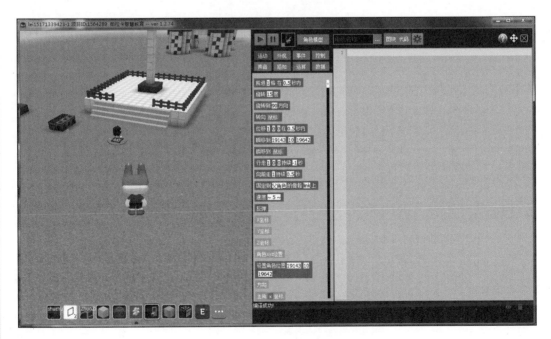

图 26-14　改变角色位置

（3）单击鼠标中键，让其改变位置，如图 26-14 所示。在工具栏中找到拉杆，利用拉杆来完成升旗仪式，如图 26-15 所示。

图 26-15　完成拉杆

任务 26.2　扩展阅读：升旗知识（下）

升旗活动是一件庄严的事情，升旗过程有非常严格的规范，每一步都要严格训练，并一丝不苟地执行。擎旗动作（擎旗俗称扛旗，是旗手的基本功）要领：上体正直，头要正，两肩放平；右手把旗杆抓紧在食指和中指间，右手小臂自然伸直，把国旗扛于右肩；右手抓握在国旗捆接处，旗杆与身体呈45°，行进时旗杆不得左右、上下晃动。

升旗仪式展旗要领：当听到国歌响起时，护旗手手动升旗，当国旗升至适当高度时，旗手抓住旗角向斜上方将国旗展开，手臂略停后，迅速恢复成立正姿势。

擎旗手做到擎旗、撒旗、收旗动作优美，护旗手需要做到扶旗动作匀称有力度，精神饱满。

国歌演奏一遍标准时间为 46 ～ 47 秒，在这恒定的时间内，要确保国旗匀速与国歌同步升起。

1. 试一试

通过任务 26.1 已经将旗子升起来了，思考如何将背景音乐《义勇军进行曲》加上去。

2. 国旗护卫队

国旗护卫队是天安门广场上每天从事升降国旗工作和升旗台警卫工作的中国人民解放军，隶属于中国人民解放军三军仪仗队。国旗护卫队以护卫国旗为使命，以弘扬爱国主义精神为己任。天安门国旗护卫队的前身为武警天安门国旗班，从 1982 年 12 月 28 日接替中国人民解放军卫戍区部队，正式担负天安门广场升降国旗和国旗哨位守卫任务。1990 年国务院、中央军委授予天安门国旗班"国旗卫士"荣誉称号。1991 年 5 月 1 日，国旗班扩编为武警天安门国旗护卫队。经党中央批准，自 2018 年 1 月 1 日起由中国人民解放军担负国旗护卫和礼炮鸣放任务。武警天安门国旗护卫队完成历史使命，转隶中国人民解放军三军仪仗队。每月第一天升国旗护旗队员由过去36 名增加至 96 名，平日升国旗护旗队员由过去 36 名增加至 66 名，更好体现威武雄壮的气势和阵容。每位队员都有的基本功要求如下。

（1）走功。走功最能展示国旗护卫队的风采。32 人组成的护旗方队，要横成行，纵成列，步幅一致，摆臂一致，目光一致。从金水桥到国旗杆下共 138 步，每步都要走得威武雄壮，铿锵有力，走出军威、国威。为过好这一关，官兵们白天绑沙袋练踢腿，用尺子量步幅，用秒表卡步速，一踢就是成百次、上千次；晚上，夜深人静的时候，还要到广场上一遍遍地实地演练。每逢刮风、下雨、降雪天，练了一遍又一遍，保证刮风走得直，下雨走得慢，降雪走得稳，动作不走样、不变形。

（2）持枪功。持枪功最能体现国旗卫士的威武和祖国的尊严。护旗兵用的是镀铬礼宾枪，夏天手出汗容易滑脱，冬季冰冷的手握不住枪。为了达到操枪一个声音、一条直线，他们就在枪托下吊上砖头练臂力，腋下夹上石子练定位，直到手掌拍肿了，虎口震裂了，右肩磕紫了，才能闯过这道关。

（3）眼功。眼功是国旗卫士内在神韵与外在仪表的双重体现。看到国旗护卫队每位战士执勤时的眼神，就会对"炯炯有神"这个成语有更深切的理解。为了具备这样一双眼睛，官兵们在风沙弥漫的环境里磨练沙打不眯的本领，在人困马乏的夜色中保持全神贯注。

（4）展旗收旗功。展旗、收旗功是展示有中国特色升旗仪式的"专利"。国旗挂上旗杆升动时，旗手迅速将 17 平方米的国旗向空中甩出扇形，此为"展旗"；当国旗降至杆底的一刹那，旗手迅速将国旗收拢成一个锥形，此为"收旗"。一展一收，如行云流水，是力与美的杰作。为了让"展旗"的动作洒脱有力，旗手们每天练展臂，手臂肿胀，吃饭时连筷子都拿不起来。"收旗"时为了准确无误用手臂将飘荡不定的国旗握住，旗手便堆起一堆沙子，每天坚持手掌用力往沙堆里插，往复无数次，常常练到手指流血。

任务 26.3　总结与评价

先分组进行总结，分别说出制作过程及体会，写出书面总结。再互相检查制作结果，集体给每一位同学打分。

1. 任务完成调查

任务完成后，不但要进行成果展示，还要进行总结和讨论，总结采用口头总结和书面总结两种形式，口头总结是提高口头表达的好方法，书面总结是提高书面表达的好方法，两者不可偏废。

2. 行为考核指标

行为考核指标，是为做人做事设定的条款，主要进行德育培养，采用批评与自我批评、自育与互育相结合的方法。采用自我考核和小组考核后班级评定方法。班级每周进行一次民主生活会，就自己的行为指标进行评价。

3. 集体讨论题

集体讨论如何编程让旗子升起，并画出思维导图。

4. 思考与练习

研究制作环节还能进行哪些调整，使最终效果更好？

项目 27　核潜艇（上）

　　小乐从历史课了解到，1959 年 10 月 1 日，赫鲁晓夫访华，毛泽东曾提出为中国核潜艇研制提供技术支持的请求。赫鲁晓夫傲慢地回应："你们中国搞不出来，只要苏联有了，大家建立联合舰队就可以了。"在当时我国还没有研制出原子弹，核潜艇在技术上要比原子弹复杂几十倍，涉及造船、电子、原子能、金属材料等多方面高端技术。毛主席在核潜艇问题上赌上了一口气称："核潜艇，一万年也要搞出来！"1965 年，核潜艇项目正式启动。1970 年 12 月 26 日，我国第一艘核潜艇下水[1]，如图 27-1 所示，使我国成为继美苏英法四国后第五个拥有核潜艇的国家。

图 27-1　我国首艘核潜艇"长征一号"

 # 任务 27.1　制作核潜艇

　　小乐听完核潜艇的一系列故事后内心特别激动，想要还原当时研发的核潜艇，本次任务制作一艘核潜艇。

27.1.1　核潜艇制作思路

　　开始动手之前，可以思考一下，如果要搭建核潜艇，应该从哪个步骤开始比较好，搭建时可以从局部到整体，也可以从整体到局部。本项目采用先局部再整体的方式，步骤是先搭建海，再填水，最后搭建核潜艇，思维导图如图 27-2 所示。

27.1.2　开始制作核潜艇

　　根据思维导图，结合之前学的内容，可以自行尝试制作核潜艇。详细步骤如下。

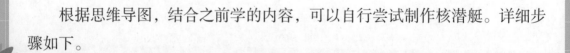

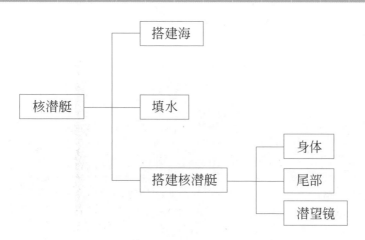

图 27-2　任务 27.1 思维导图

1. 搭建海

创建新世界，开始搭建吧。

（1）打开 3D 编程软件 Paracraft，输入账号和密码，单击"登录"按钮，再单击"新建作品"按钮。

（2）输入世界名称，可以是这节课的主题，在主题后加入当日日期，选择"大型"和"平坦"，单击"确定"按钮。

（3）单击工具栏，选择地形笔刷，如图 27-3 所示。用地形笔刷提升地形，如图 27-4 所示。人物不能高于周围最矮的围墙，如图 27-5 所示。

图 27-3　选择地形笔刷

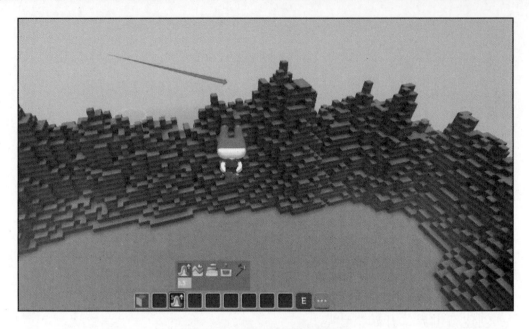

图 27-4　地形笔刷提升地形

图 27-5　人物不能高于周围最矮的围墙

② . 填水

按 / 键，在屏幕左下角弹出的对话框里输入 flood 1000，按回车键建立一个水量池，如图 27-6 所示。重复使用此指令，直到水满，注意快捷指令里的数字应从大到小来使用，如图 27-7 所示。

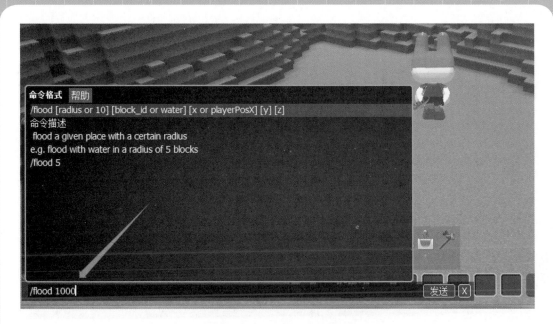

图 27-6　建立一个水量池

图 27-7　灌满水

3. 搭建核潜艇

（1）搭建核潜艇的身体。在工具栏选择"建造"模块，找到彩色方块，选择灰色方块，如图 27-8 所示。按 / 键，在屏幕左下角弹出的对话框里输入 sphere 7，按回车键建立一个球体，如图 27-9 和图 27-10 所示。

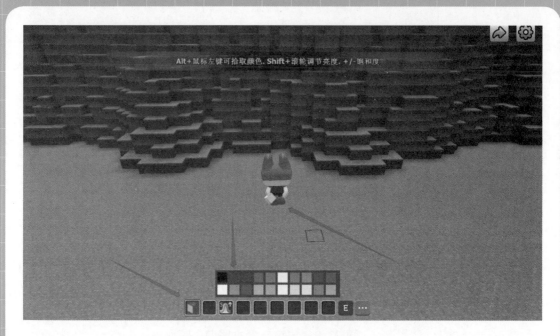

图 27-8　选择灰色方块

图 27-9　建立一个球体

图 27-10 建造球体

（2）用 Ctrl 键 + 鼠标左键选中所有的方块，向旁边拉伸，如图 27-11~
图 27-13 所示。

图 27-11 使用快捷键

图 27-12　向旁边拉伸

图 27-13　搭建核潜艇身体部分

（3）搭建核潜艇尾部。用 Ctrl 键＋鼠标左键选中尾部部分方块，拉伸 2 格，如图 27-14~图 27-16 所示。

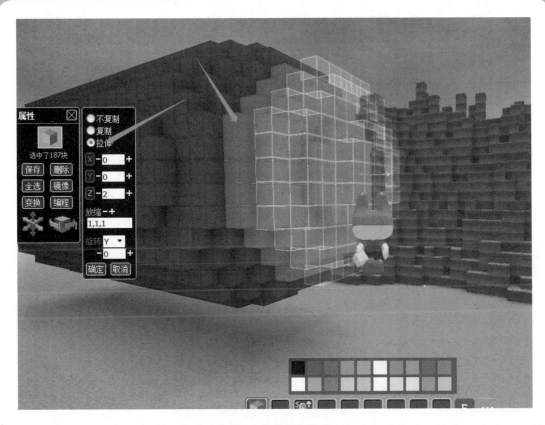

图 27-14　拉伸尾部

图 27-15　核潜艇尾部拉伸

图 27-16　核潜艇尾部展示

（4）搭建核潜艇尾翼。自己设计一个尾部螺旋桨，如图 27-17 所示。

图 27-17　核潜艇尾翼

（5）搭建核潜艇潜望镜。在顶部设计一个潜望镜，如图 27-18 所示。

图 27-18　潜望镜

（6）安装玻璃窗。使用 Alt 键 + 鼠标右键，给核潜艇的身体安装玻璃窗，如图 27-19 所示。

图 27-19　安装玻璃窗

任务 27.2 扩展阅读：核潜艇知识

任务 27.1 已经完成了核潜艇的搭建，那么你们知道我国核潜艇建造是谁带领的吗？

1. 中国核潜艇第一任总设计师

在当时，包括彭士禄在内的所有人，都没见过核潜艇长什么样。仅有的参考资料是从报纸上翻拍的两张模糊不清的外国核潜艇照片和一个从美国商店买回来的儿童核潜艇模型玩具。"一声令下，打起背包就走。"彭士禄告别妻儿，走进深山，主持核动力装置的论证、设计、试验以及运行的全过程。我国建造核潜艇的过程几乎从零开始。彭士禄说："当时这批人里有学化工的、有学电的、有学仪表的，大多数人不懂核，搞核潜艇全靠 4 个字：'自教自学'。"在这样的条件下，彭士禄带领团队，走上了研制核潜艇的道路。

2. 核潜艇

核潜艇是潜艇中的一种类型，指以核反应堆为动力来源设计的潜艇。由于这种潜艇的生产与操作成本高，加上相关设备的体积与重量大，因此只有军用潜艇采用这种动力来源。核潜艇水下续航能力能达到 20 万海里（1 海里 =1.852 千米），自持力达 60~90 天。世界上第一艘核潜艇是美国的"鹦鹉螺"号，于 1954 年 1 月 24 日首次试航，它宣告了核动力潜艇的诞生。全世界公开宣称拥有核潜艇的国家有 6 个，分别为美国、俄罗斯、英国、法国、中国、印度。其中美国和俄罗斯拥有核潜艇最多。核潜艇的出现和核战略导弹的运用，使潜艇发展进入一个新阶段。装有核战略导弹的核潜艇是一支水下威慑的核力量。

潜艇在第二次世界大战时期的使用经验暴露出一个很大的问题，那就是潜艇在水面下持续航行的时间短。潜艇在水面下操作的时间受到电池蓄电量的严重限制，即使以最低的速度航行，也必须在一段时间之后浮出水面进行充电，在充电的过程中，潜艇非常容易受到攻击。另外一个限制是潜艇上的电池能够发挥的最大航速少以及持续的时间短，尤其是水面下的最大航行速度远低于水面上的速度，若要追随高速航行的船舰，潜艇必须浮出海面以柴油引擎输出动力，才能够勉强追上航行速度较慢的快速船舰，可是这样一来，潜艇就失去海水对它的保护以及作战上的优势。因此，为了扩大潜艇的战术价值，大幅提高海面下持续操作时间，研发替代动力来源一直是潜艇研究的一个重要目标。

世界上第一艘核潜艇是美国的"鹦鹉螺"号，是由美国科学家海曼·乔治·里科弗积极倡议并研制和建造的，他被称为"核潜艇之父"。1946 年，以里科弗为首的一批科学家开始研究舰艇用原子能反应堆也就是后来潜艇上广为使用的"舰载压水反应堆"。第二年，里科弗向美国海军和政府建议制造核动力潜艇。1951 年，美国国会终于通过了制造第一艘核潜艇的决议。"鹦鹉螺"号核潜艇于 1952 年 6 月开工制造，在 1954 年 1 月 24 日开始首次试航。首次试航即显示了核潜艇的优越性，人们听不到常规潜艇那种轰隆隆的噪声，艇上操作人员甚至觉察不出与在水面上航行的差别，"鹦鹉螺"号 84 小时潜航了 1300 千米，这个航程超过了以前任何一艘常规潜艇的最大航程的 10 倍左右。1955 年 7—8 月，"鹦鹉螺"号和几艘常规潜艇一起参加反潜舰队演习，反潜舰队由航空母舰和驱逐舰组成。在演习中，常规潜艇常常被发现，而核潜艇则很难被发现，即使被发现，核潜艇的高速度也可以使之摆脱追击。由于核潜艇的续航力大，用不着浮出水面，因而能避免空中袭击。到 1957 年 4 月止，"鹦鹉螺"号在没有补充燃料的情况下持续航行了 11 万余千米，其中大部分时间是在水下航行。1958 年 8 月，"鹦鹉螺"号从冰层下穿越北冰洋冰冠，从太平洋驶向大西洋，完成了常规动力潜艇无法完成的壮举，此后，美国海军宣布不再制造常规动力潜艇，而要将所有的潜艇换成核动力潜艇。

早期的核潜艇均以鱼雷作为武器。之后由于导弹的发展，出现携带导弹的核潜艇。核潜艇安上导弹之后，便出现了两种类型。一类是近程导弹和鱼雷为主要武器的攻击型核潜艇；另一类是以中远程弹道导弹为主要武器的弹道导弹核潜艇（又称为战略核潜艇）。攻击型核潜艇主要用于攻击敌水面舰艇和潜艇，同时还可担负护航及各种侦察任务。弹道导弹核潜艇则是战略核力量的一次重要的转移。在各种侦察手段十分先进的今天，陆基洲际导弹发射井很容易被敌方发现，弹道导弹核潜艇则以高度的隐蔽性和机动性，成为一个难以捉摸的水下导弹发射场。

弹道导弹潜艇是用艇载核导弹对敌方陆上重要目标进行战备核袭击的潜艇。它大多是核动力的，主要武器是潜对地导弹，并装备自卫用鱼雷。弹道导弹潜艇与陆基弹道导弹、战略轰炸机共同构成核军事国在核威慑与核打击力量的三大支柱，并且是其中隐蔽性最强、打击突然性最大的一种。

潜对地导弹分弹道式和巡航式两类。美国从 1947 年开始研制"天狮星－Ⅰ"型潜对地巡航导弹，1951 年在潜艇上发射成功，1955 年正式装备潜艇部队，第一批战略导弹潜艇由此诞生。苏联于 1955 年 9 月首次用潜艇在水面发射一枚由陆基战术导弹改装的弹道导弹。1960 年 7 月，美国乔治·华盛顿号核潜艇首次水下发射"北极星"A1 潜地弹道导弹，这是世界上第一艘弹道导弹核潜艇。

任务 27.3 　总结与评价

先分组进行总结，分别说出制作过程及体会，写出书面总结。再互相检查制作结果，集体给每一位同学打分。

1. 任务完成调查

任务完成后，不但要进行成果展示，还要进行总结和讨论，总结采用口头总结和书面总结两种形式，口头总结是提高口头表达的好方法，书面总结是提高书面表达的好方法，两者不可偏废。

2. 行为考核指标

行为考核指标，是为做人做事设定的条款，主要进行德育培养，采用批评与自我批评、自育与互育相结合的方法。采用自我考核和小组考核后班级

评定方法。班级每周进行一次民主生活会，就自己的行为指标进行评价。

③. 集体讨论题

集体讨论核潜艇制作过程，并画出思维导图。

④. 思考与练习

研究制作环节还能有哪些改进，使核潜艇更好？

[参考文献]

[1]　葛竞 . 黄旭华 [M]. 南宁：接力出版社 , 2021.

项目 28　核潜艇（下）

　　项目 27 已经搭建了一艘核潜艇，下面一起来搭建核潜艇的试水仪式模拟现场。

任务 28.1　核潜艇水下航行

核潜艇是一个国家最重要的核打击力量，也是三位一体核武器中生存性最高的，可以说是国家安全的核基石。目前军事强国三位一体的核力量，即陆基核导弹、空基战略轰炸机和海基战略导弹核潜艇。而战略武器毫无疑问对战争进程有巨大的影响，摧毁能力是常规武器无法比拟的。

28.1.1　核潜艇编程思路

编程使核潜艇运动起来，需要考虑核潜艇下水位置、大小等，还需要放置指挥员代码，编制的思维导图如图 28-1 所示。

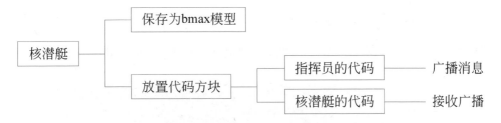

图 28-1　任务 28.1 思维导图

从图 28-1 可见，先将项目 27 制作的核潜艇保存为 bmax 模型，然后选择代码模块，确定代码方块，最后进行代码编写。

28.1.2　开始核潜艇编程

根据思维导图,结合之前学的内容,可以尝试自己做一下。详细步骤如下。

① . 进入世界

在保存为 bmax 模型之前，需要先进入项目 27 搭建的世界。

（1）打开 3D 编程软件 Paracraft，输入账号和密码，单击"登录"按钮。

（2）找到项目 27 创建的世界——核潜艇，单击"进入"按钮，如

图 28-2 所示。

图 28-2　进入世界

2. 保存为 bmax 模型并编程

进入世界后，先将核潜艇保存为 bmax 模型，按 E 键，单击工具栏，选择代码模块，选择代码方块，找到一个角落，右击放置，如图 28-3 所示。

图 28-3　放置两个代码方块

3. 放置代码方块

（1）右击代码方块，自动生成电影方块和演员，单击角色模型，选择核潜艇，单击"确定"按钮，如图 28-4 所示。

图 28-4　选中核潜艇模型

（2）单击鼠标中键将核潜艇放到水中，如图 28-5 所示。

图 28-5　将核潜艇放入水中

（3）单击电影方块，在左下角选择"动作"改成"大小"，如图 28-6 所示。

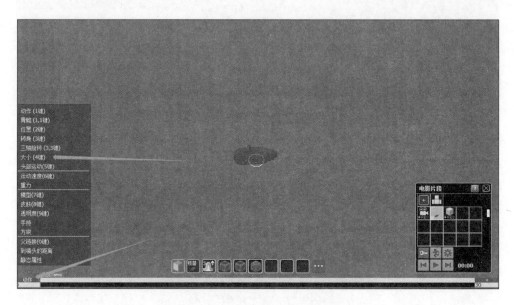

图 28-6　单击电影方块改变大小

（4）拖动小方块改变核潜艇的大小，如图 28-7 所示。

图 28-7　将核潜艇拉大

（5）单击代码方块，选择"人类"中的"政委"，如图 28-8 所示。

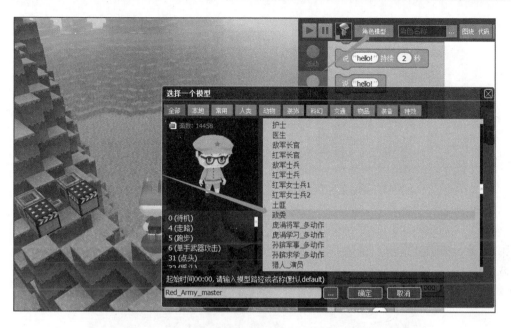

图 28-8 选择人物

（6）单击图块，完成图块编程，如图 28-9 所示。

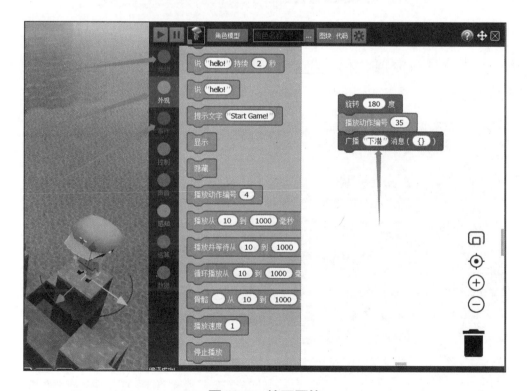

图 28-9 编写图块

（7）单击图块／代码进行切换，如图 28-10 所示。

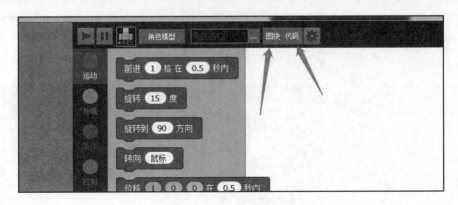

图 28-10　切换代码

（8）单击代码，完成代码编程，如图 28-11 所示。

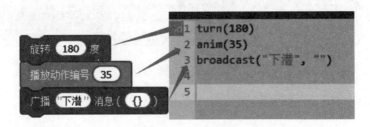

图 28-11　编写代码

（9）编写核潜艇代码，单击相应的代码方块，完成图块编程，如图 28-12 所示。

图 28-12　编写核潜艇代码

（10）单击图块 / 代码进行切换，如图 28-13 所示。

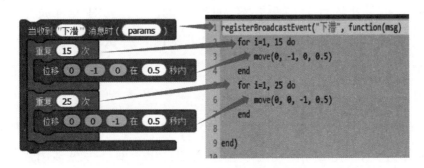

图 28-13　切换核潜艇代码

任务 28.2　扩展阅读：核潜艇知识拓展

核潜艇下水项目已经完成，小乐对于代码还有疑惑，大家一起来帮助他吧！

 . 解释指令

今日作品所用到的代码，小乐想请大家解释一下是什么意思，运行代码试一试，帮助小乐解答吧！其他指令也运行试一试，多用、多思考才能懂指令的使用方法。

 . 中国核潜艇

（1）091 型攻击核潜艇。091 型核潜艇（北约代号"汉"级）是中国第一代攻击型核潜艇（SSN）。首艇 1968 年在葫芦岛船厂动工；1971 年 4 月开始系泊试验，7 月开始用核能发电，主机试车考核；1974 年 8 月 7 日交付海军使用。后几艘下水时间依次为 1977 年、1983 年、1987 年和 1990 年。5 艘"汉"级核潜艇都部署在北海舰队。

（2）092 型弹道导弹核潜艇。092 型核潜艇是中国研制的第一种核动力弹道导弹潜艇，北约代号"夏"级，1978 年动工，1981 年 4 月下水，1983 年 8 月交付海军使用。1985 年第一次水下发射导弹试验失败，1988 年第二次发射才成功。2009 年该型潜艇长征 6 号参与海军 60 周年阅兵时首次对外公开亮相。

（3）093 型攻击型核潜艇。093 型核潜艇（北约代号商级）是中国人民解放军海军建造的第二代核动力攻击型潜艇。093 型是一级多用途的攻击型核潜艇，其安静性、武器和传感器系统比在役的 091 型核潜艇有所改进。

（4）094 型弹道导弹核潜艇。中国海军新开发的弹道导弹核潜艇（北约代号晋级潜艇）。094 型是中国有史以来建造的最大的潜艇。预计将比 092 型弹道导弹核潜艇（北约代号夏级潜艇）有明显改进，安静性和传感器系统性能有所提高，推进系统也可靠得多。094 型在葫芦岛的渤海造船厂建造，094 型潜艇首艘已于 2004 年 7 月下水。

（5）095 型攻击型核潜艇、096 型弹道导弹核潜艇，被外媒称为航母终结者，拥有极其强悍的战斗力。096 型战略核潜艇横空出世以后，就不必冒险潜航出岛链，它潜伏在平均水深 1212 米的南海，就具备打击北美大陆的强悍性能，将让任何对手都对其极为忌惮。

 ## 任务 28.3　总结与评价

先分组进行总结，分别说出制作过程及体会，写出书面总结。再互相检查制作结果，集体给每一位同学打分。

① 任务完成调查

任务完成后，不但要进行成果展示，还要进行总结和讨论，总结采用口头总结和书面总结两种形式，口头总结是提高口头表达的好方法，书面总结是提高书面表达的好方法，两者不可偏废。

2. 行为考核指标

行为考核指标，是为做人做事设定的条款，主要进行德育培养，采用批评与自我批评、自育与互育相结合的方法。采用自我考核和小组考核后班级评定方法。班级每周进行一次民主生活会，就自己的行为指标进行评价。

3. 集体讨论题

集体讨论核潜艇编程过程，并画出思维导图。

4. 思考与练习

研究编程环节还能加哪些代码，使核潜艇运行更完善？

项目 29　汽车（上）

　　小乐今天跟着老师学习了历史知识，了解了我国第一辆汽车的来历。建国后的第一辆汽车是解放牌汽车，名字为 CA10 卡车（见图 29-1），于 1956 年制造，是中国生产的第一台汽车。1956 年 7 月 13 日，我国第一辆汽车——"解放牌"载重汽车在长春下线，如图 29-2 所示。它结束了我国不能生产汽车的历史，在中国汽车工业史上写下了辉煌的一页，具有里程碑的意义。

图 29-1　我国第一辆汽车

图 29-2　解放牌汽车

任务 29.1　制　作　汽　车

　　小乐了解到，解放牌 CA10 型载货车是以苏联莫斯科斯大林汽车厂出产的吉斯 150 型载货车为蓝本制造的，采用后桥驱动，空车重 3.9 吨，装有直列水冷六缸四冲程汽油发动机，功率为 66 千瓦，载重为 4 吨，百公里油耗 29 升。

29.1.1 汽车制作思路

本任务先搭建汽车，然后创建一条马路并呈现让汽车移动的效果。下面是小乐和同学们一起讨论出的思维导图，如图 29-3 所示。

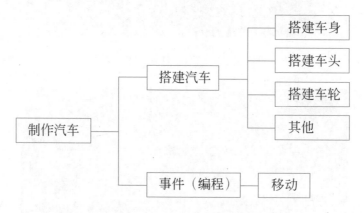

图 29-3 任务 29.1 思维导图

从图 29-3 可见，制作汽车思路是先搭建汽车，搭建汽车时，按照车身、车头、车轮的顺序制作，最后编写程序让汽车移动。

29.1.2 开始汽车制作

① . 搭建车身、车头

创建新世界，开始搭建车身。

（1）打开 3D 编程软件 Paracraft，输入账号和密码，单击"登录"按钮，再单击"新建作品"按钮。

（2）输入世界名称，可以是这个项目的主题，在主题后加入当日日期，选择"大型"和"平坦"，单击"确定"按钮。

（3）选择一片长方形的空地，作为制作汽车的区域，在工具栏的电影栏中找到彩色方块"方块 id：10"，选择自己喜欢的颜色，如图 29-4 所示。

图 29-4　确定制作区域

（4）输入 /box 15 5 7 指令，如图 29-5 所示。

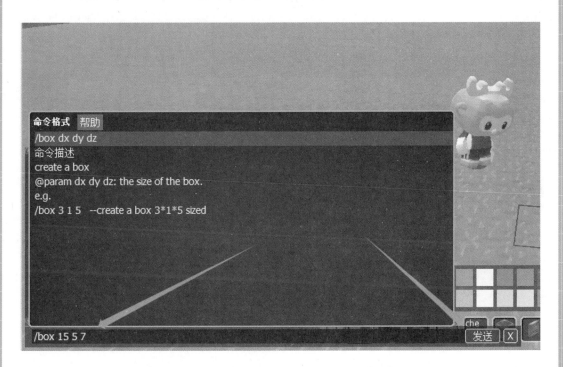

图 29-5　输入 /box 15 5 7 指令

（5）搭建一个长方形（长 15 高 5 宽 7），如图 29-6 所示。

图 29-6　搭建长方形

（6）用 Ctrl 键 + 鼠标右键选中部分方块，单击可删除方块，如图 29-7 所示。

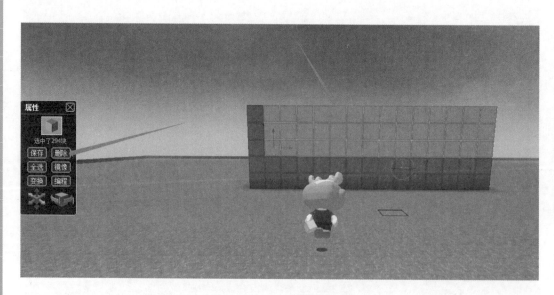

图 29-7　删除部分方块

（7）在工具栏中找到装饰中的栅栏，在最前面和最后面各搭建一个栅栏，如图 29-8 所示。

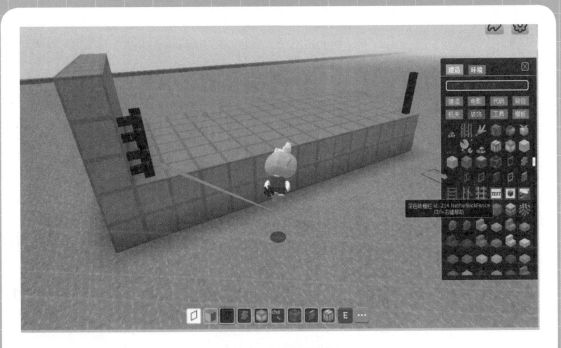

图 29-8 搭建栅栏

（8）用 Shift 键＋鼠标右键快速搭建栅栏，如图 29-9 所示。

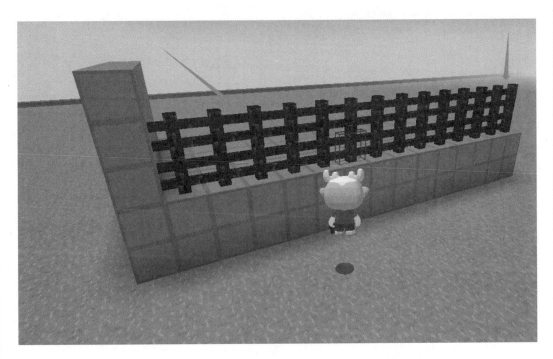

图 29-9 快速搭建栅栏

（9）用相同的方法完成另外两面的栅栏搭建，如图 29-10 所示。

图 29-10　搭建另外两面栅栏

（10）搭建车身和车头的连接部分，如图 29-11 所示。

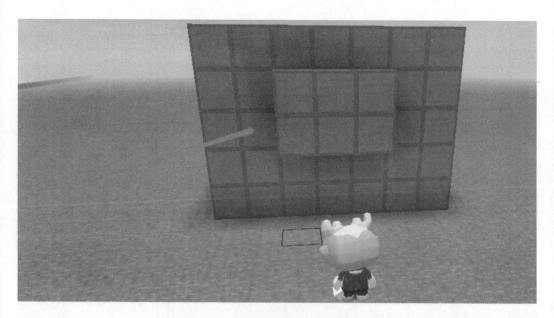

图 29-11　搭建车头和车身的连接部分

（11）空一格，搭建一排跟车身同数量的方块，如图 29-12 所示。

（12）用 Ctrl 键 + 鼠标左键选中车头的方块，进行拉伸，如图 29-13 所示。

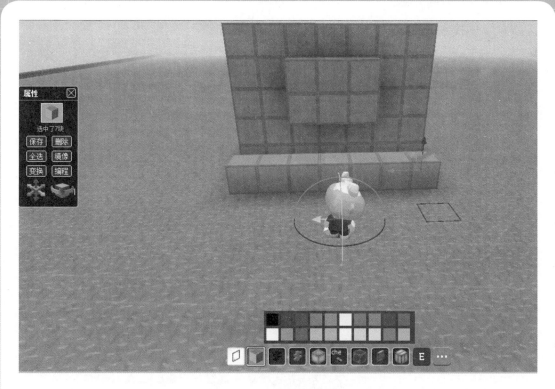

图 29-12　车头的搭建 1

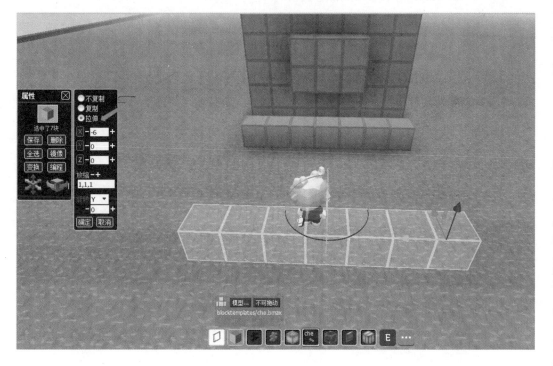

图 29-13　车头的搭建 2

（13）找到车头底部的 4 个角，建立 4 根柱子，如图 29-14 所示。

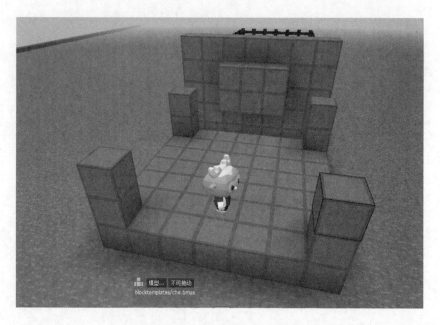

图 29-14　车头建立 4 根柱子

（14）用 Shift 键 + 鼠标右键快捷搭建车头，如图 29-15 所示。

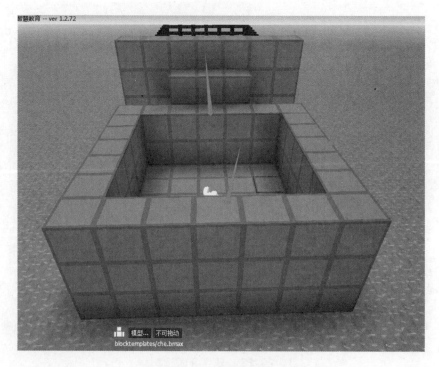

图 29-15　快捷搭建车头

（15）搭建车顶，建立 4 根柱子，如图 29-16 所示。

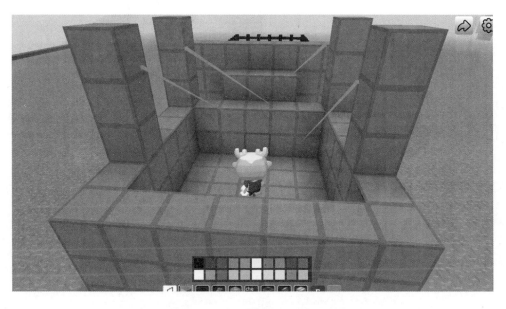

图 29-16 车顶建立 4 根柱子

（16）用 Shift 键 + 鼠标右键快捷搭建，如图 29-17 所示。

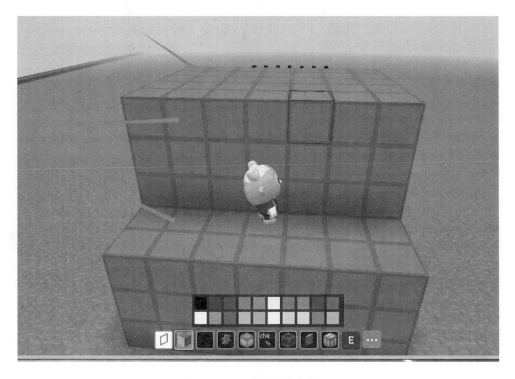

图 29-17 快捷搭建柱子

（17）用 Ctrl 键＋鼠标左键全选方块，将它们拉升两格，如图 29-18 所示。

图 29-18　车体上升

（18）自行替换玻璃和车灯，如图 29-19 所示。

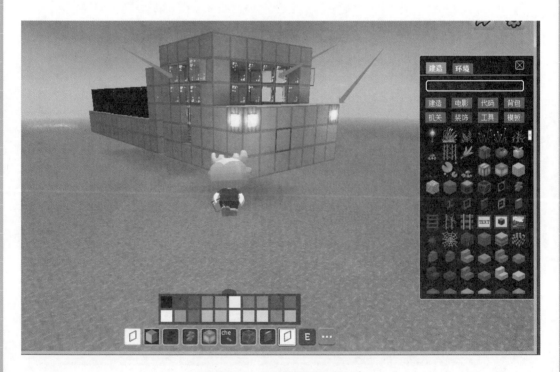

图 29-19　替换玻璃和车灯

2. 搭建车轮

车身搭建好后，可以开始搭建车轮了。

（1）在工具栏选择彩色方块，垫高两层，在方块上面单击鼠标中键，如图 29-20 所示。

图 29-20　垫高两层

（2）输入"/circle z2"指令，如图 29-21 所示，得到一个竖着的圆形，如图 29-22 所示。

图 29-21　输入快捷指令

图 29-22　竖着的圆形

（3）单击彩色方块，选择方块，用 Alt 键 + 鼠标右键替换中心点，如图 29-23 所示。

图 29-23　替换中心点

（4）用 Ctrl 键 + 鼠标左键选中所有方块，单击"旋转"按钮，如图 29-24 所示。

图 29-24　选中所有方块并旋转

（5）安装车轮，将车轮移到车身旁合适的位置，单击"不复制"单选按钮，如图 29-25 所示。

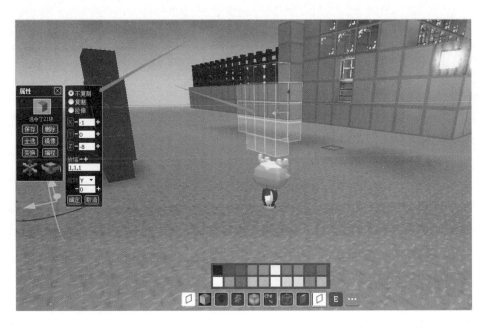

图 29-25　移动车轮

（6）用 Ctrl 键＋鼠标左键全选车轮并移动，单击"复制"单选按钮，如图 29-26 所示。

图 29-26　全选并复制

（7）以相同的方式复制车轮，如图 29-27 所示。

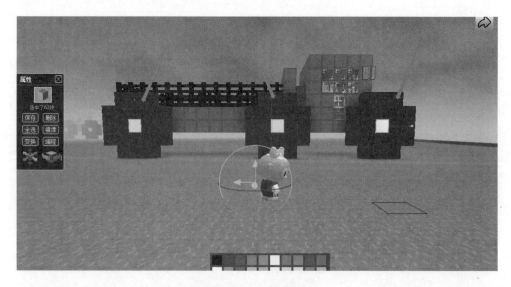

图 29-27　复制轮子

（8）用 Ctrl 键＋鼠标左键全选一侧的 3 个轮子，移动到合适位置后复制另一侧车轮，如图 29-28 所示。

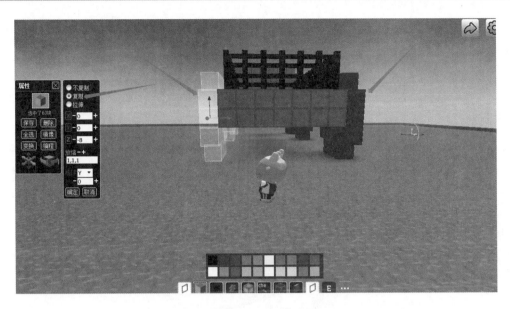

图 29-28　复制另一侧车轮

任务 29.2　扩展阅读：卡车的发明

　　在汽车发展史上有许多第一次。一百多年前的 1923 年，奔驰公司首次把柴油机装配到卡车上，制造出世界上第一辆柴油动力卡车，如图 29-29 所示。

图 29-29　第一辆柴油卡车奔驰 5K3 诞生

　　20 世纪初，在柴油机被成功发明之后，很多人对这种效率更高、燃料更便宜的内燃机开始产生浓厚兴趣。当时，奔驰公司和戴姆勒汽车公司还是两个独立的竞争对手，这两家公司几乎在同一时间盯上了柴油卡车这块"蛋糕"。

　　1923 年，奔驰公司率先生产出第一款柴油卡车，奔驰公司工程师选择了奔驰 5K3 卡车底盘，该卡车的有效载荷为 5 吨。车辆是由一台初代 OB 2 四缸柴油发动机驱动，可以在 1000 r/min 下输出 33 kW（45hp）的动力，如图 29-30 所示。

图 29-30　奔驰 OB 2 四缸柴油发动机

　　1923 年 9 月，在德国黑森林北部嘉格纳周围充满挑战的丘陵地区，奔驰公司柴油卡车进行了首次测试，工程师对于测试车辆给出了如下评估报告：通过对柴油卡车一系列的对比测试发现，柴油发动机的效率至少比同类汽油发动机高 25%，总燃料成本降低 86%。另外，柴油发动机还可以使用更廉价的焦油、瓦斯油、煤油、德克萨斯油或液状石蜡。

　　通过此次测试，OB 2 四缸柴油发动机证明了自己的能力，于是在 1923 年

4 月 14 日，奔驰公司决定将该发动机投入批量生产。采用预燃烧室式的 OB 2 柴油发动机能够在 1000 r/min 下输出 37kW（50hp）的动力。与当时的汽油或蒸汽机相比，这辆柴油卡车在动力和效率方面都展现出明显的优势。

早在 1911 年，戴姆勒汽车公司（DMG）就开始开发用于商业和农业用途的紧凑型柴油发动机。在奔驰公司开发柴油卡车的同时，位于柏林马里恩费尔德的戴姆勒汽车公司正在制造一台空气喷射柴油发动机，准备安装在一辆拥有几乎相同功率的卡车上。这辆柴油卡车装配的同样是四缸机型，1000 r/min 最大输出功率为 29kW（40hp）。当时，在两座戴姆勒工厂之间的长途行驶测试画面颇为壮观：1923 年 9 月 20 日至 30 日间，一辆戴姆勒柴油卡车从柏林开到斯图加特并返回，在当时，这样远距离的测试引起了巨大轰动。在测试之后，戴姆勒在马里恩费尔德工厂打造出第一辆戴姆勒 5C 商用柴油车系列，包括一台卡车、一台三面自卸车和一辆公共汽车，并于 1923 年 10 月初在柏林汽车展上亮相。

1926 年，奔驰公司和戴姆勒汽车公司完成合并，统一使用梅赛德斯-奔驰（Mercedes-Benz）品牌，双方开始联合开发柴油卡车。在这之后，戴姆勒-奔驰公司放弃了空气喷射柴油机技术，选择了预燃烧室式柴油机的方案。1927 年双方联合开发的第一台柴油发动机是六缸 OM 5 发动机（55 kW/75hp，排量为 8.6L）。OM 即德语 Oelmotor 的缩写，代表柴油机的意思，这种命名方式也被梅赛德斯-奔驰一直沿用至今。

1927 年，梅赛德斯-奔驰推出 L5 卡车，搭载了新款六缸 OM5 发动机，排量为 8.6L，在 1300 r/min 最大输出功率为 51kW（70hp）。这是梅赛德斯-奔驰新商用车系列中唯一配备柴油发动机的 5 吨车型，也可以选择汽油发动机 M36（74kW/100 hp，2000r/min）。

梅赛德斯-奔驰柴油卡车最初的销售非常缓慢，因为柴油发动机在运行时发出的响亮和刺耳的声音遭到了反对者的批评。然而，英国市场再次做出了积极回应。1928 年 6 月，一辆 5 吨的柴油卡车交付到英国。当时的专业杂志《商用汽车》（Commercial Motors）连续五期发文称赞梅赛德斯-奔驰柴油卡车的特点。而后在 1928 年秋天，英国皇家汽车俱乐部（Royal

English Automobile Club）授予戴姆勒 - 奔驰公司杜瓦奖杯（Dewar Trophy），该奖杯每年都会颁发给汽车制造领域具有特别贡献的品牌。

为了宣传这辆在德国许多地方仍然不为人知的 5 吨柴油卡车，它被派去进行一系列巡展活动。从 1929 年夏天的莱比锡开始，从北海到阿尔卑斯山，从鲁尔区到东部的劳西茨地区，几乎穿越了德国的所有地区。同时，梅赛德斯 - 奔驰柴油卡车也向经销商和代理商的销售人员展示了其技术优势，还借给卡车驾驶员和其他对它感兴趣的人进行试驾体验，地区和专业媒体也利用这个机会对柴油卡车进行了详细报道。

经过一系列商业性推广之后，柴油卡车逐渐被大众所接受，梅赛德斯 - 奔驰的柴油卡车很快扩展到更多的车型。到了 1931 年，有超过 90% 的德国柴油卡车都出自梅赛德斯 - 奔驰品牌。1932 年，随着世界上第一辆柴油驱动轻型卡车梅赛德斯 - 奔驰 L2000 的问世，柴油机终于在卡车领域取得了实质性突破。

通过采用更加现代化的设计，这辆 2 吨卡车以及后续车型，定义了梅赛德斯 - 奔驰整个卡车产品线中的轻型系列部分，并扩展到了载重为 10 吨的 L10000 三轴卡车。这款带有强大引擎的卡车，成为 1936—1939 年梅赛德斯 - 奔驰卡车产品的旗舰车型。自此之后，梅赛德斯 - 奔驰的柴油卡车就以星标下方突出的 Diesel 字样而著称。

 ## 任务 29.3　总结与评价

先分组进行总结，分别说出制作过程及体会，写出书面总结。再互相检查制作结果，集体给每一位同学打分。

1. 任务完成调查

任务完成后，不但要进行成果展示，还要进行总结和讨论，总结采用口头总结和书面总结两种形式，口头总结是提高口头表达的好方法，书面总结是提高书面表达的好方法，两者不可偏废。

2.　行为考核指标

行为考核指标，是为做人做事设定的条款，主要进行德育培养，采用批评与自我批评、自育与互育相结合的方法。采用自我考核和小组考核后班级评定方法。班级每周进行一次民主生活会，就自己的行为指标进行评价。

3.　集体讨论题

集体讨论汽车构造，并画出思维导图。

4.　思考与练习

研究在制作环节还能进行哪些调整，使汽车效果更好。

项目 30 汽车（下）

　　小乐从学习中了解到，1956 年 8 月 21 日，中国第一汽车集团有限公司（简称为一汽）生产的第一批 38 辆解放牌汽车被送往北京，参加首都国庆检阅和游行。其中 10 辆被安排在天安门广场展览。广大首都人民争相围观，都为中国能有自己生产的汽车而感到骄傲。

任务 30.1　让汽车动起来

项目 29 学习了如何用 Paracraft 来制作汽车，本次任务要让制作的汽车动起来。

30.1.1　制作思路

本项目在项目 29 的基础上进一步制作，先将汽车保存为 bmax 模型，再搭建一条道路，最后进行编程，如图 30-1 所示。

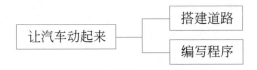

图 30-1　任务 30.1 思维导图

30.1.2　跑动汽车动制作

在将汽车保存为 bmax 模型前，需要先进入项目 29 搭建的世界。

（1）登录 Paracraft，单击"进入"按钮进入。项目 29 创建的世界——新中国的汽车，如图 30-2 所示。

图 30-2　进入世界

（2）选中道路区域，用"沙子 id：51sand"和"泥土"替换此区域的方格来铺设道路，如图 30-3 和图 30-4 所示。

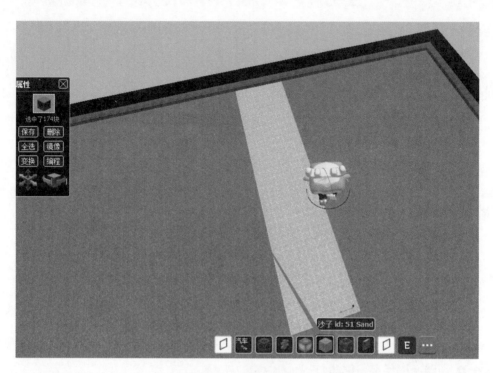

图 30-3　铺设道路 1

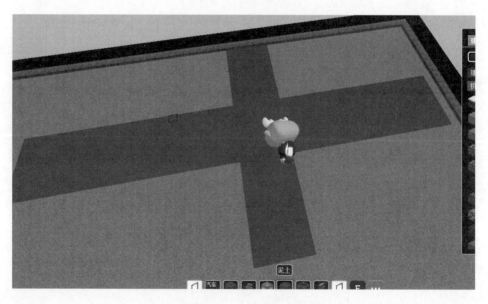

图 30-4　铺设道路 2

（3）将搭建好的汽车保存为 bmax 模型，如图 30-5 所示。

图 30-5 保存模型

（4）放置代码方块，如图 30-6 所示。

图 30-6 放置代码方块

（5）选中刚刚保存的 bmax 模型，如图 30-7 所示。

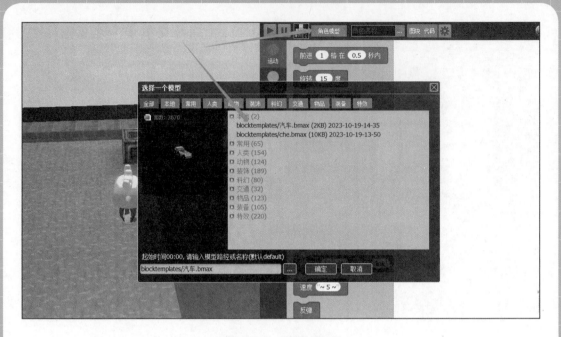

图 30-7　选择模型

（6）选中道路区域，单击鼠标中键，将模型移动到地面，如图 30-8 所示。

图 30-8　移动模型

（7）根据模型进行方向和大小的调整，方向调整为"旋转180"，大小缩放到百分之1000，如图 30-9 所示。

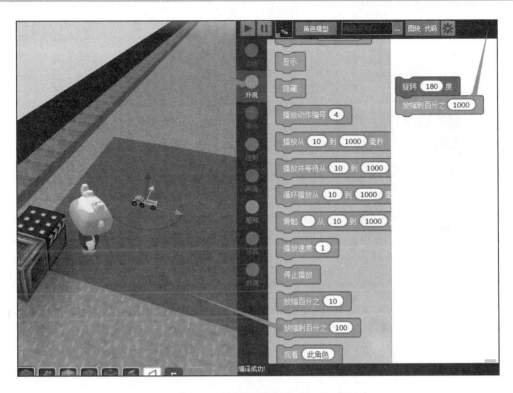

图 30-9　改变模型大小，方向

（8）让汽车动起来，加上重复次数指令和位移指令，如图 30-10 所示。

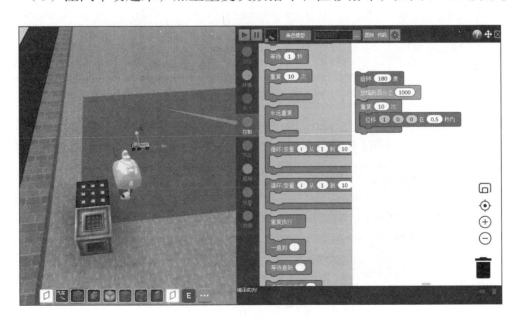

图 30-10　让汽车动起来的代码

（9）加上拉杆，汽车就能动起来了，如图 30-11 所示。

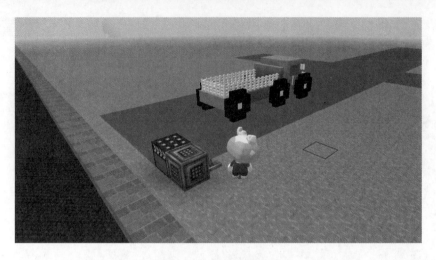

图 30-11　放置拉杆

任务 30.2　扩展阅读：中国第一辆卡车

　　曾经有一种绿皮大卡车在中国驰骋了半个世纪，人们亲切地管它叫"老解放"（见图 30-12）。它是我国制造的第一款汽车。它的诞生结束了我国不能制造汽车的历史，改变了中国城乡交通和公路运输的落后面貌，成为城乡交通和公路运输的主力军。而今停产 30 多年的它，承载着对过去美好的记忆。

图 30-12　绿皮大卡车——"老解放"

　　中华人民共和国成立之初，就对汽车工业非常重视，1950 年就将建设一座现代化汽车制造厂列为一五计划重点项目。

1953 年，解放 CA10 下线，标志着中国制造的第一款汽车诞生，结束了中国不能制造汽车的历史，同时也揭开了我国汽车制造工业的序幕。"老解放"与中国第一汽车制造厂的历史紧密相连。

1951 年 3 月 19 日，中央政府确定由苏联援建的汽车制造厂的厂址设在长春。

1953 年 6 月 9 日，毛泽东主席签发了《中共中央关于力争三年建设长春汽车厂的指示》，并亲自为一汽建厂奠基题词。

1956 年 7 月 13 日，在长春第一汽车制造厂崭新的总装线上，被毛主席命名为"解放"牌的第一辆汽车试制成功，而"解放"两个字也是毛泽东主席的字体，来自毛泽东主席为《解放日报》的题词，由苏联莫斯科斯大林汽车厂放大后，刻写到汽车车头第一套模子上。首批 12 辆解放牌汽车缓缓驶下装配线。这标志着第一汽车制造厂的三年建厂目标如期达到，也结束了中国不能批量制造汽车的历史。第一批下线的解放牌汽车，还参加了 1956 年的国庆阅兵式。

解放 CA10，是以苏联生产的吉斯 150 型汽车为范本，根据中国的实际情况改进部分结构后设计和制造出来的。这种汽车装备 90 匹马力六缸汽油发动机，最大功率 71kW，最高时速可达到 65km，可拖带 4.5t 重挂车，载重量为 4t，每百公里耗油 29L。

它不仅适合当时中国的道路和桥梁的负荷条件，而且还能根据需要改装成适合各种特殊用途的变型汽车，如公共汽车、加油汽车、运水汽车、倾卸汽车、起重汽车、工程汽车、冷藏汽车和闭式车厢载重汽车等。以后一汽又生产、改进的 CA15 型，包括 CA15K，CA15J 等，外形与 CA10 相似，载重量为 5t，发动机功率 85kW，最高车速 80km/h。

从 1956 年 7 月 13 日开始，"老解放"一生产就是 30 年，最辉煌的时期，据说在马路上的汽车，每两辆就有一辆是解放牌。解放牌汽车创造了 1281502 辆产量的历史，这个数字几乎是当时全国汽车产量的一半。

直到 1980 年，由于车型过于老旧，在长春市郊的荒地里，上万辆滞销的"老解放"排成长龙。最终，1986 年 9 月 29 日，第 1281502 辆"解放"

牌卡车，开下了一汽的总装配线，生产了整整 30 年的"老解放"最终停产。

任务 30.3 总结与评价

先分组进行总结，分别说出制作过程及体会，写出书面总结。再互相检查制作结果，集体给每一位同学打分。

① . 任务完成调查

任务完成后，不但要进行成果展示，还要进行总结和讨论，总结采用口头总结和书面总结两种形式，口头总结是提高口头表达的好方法，书面总结是提高书面表达的好方法，两者不可偏废。

② . 行为考核指标

行为考核指标，是为做人做事设定的条款，主要进行德育培养，采用批评与自我批评、自育与互育相结合的方法。采用自我考核和小组考核后班级评定方法。班级每周进行一次民主生活会，就自己的行为指标进行评价。

③ . 集体讨论题

集体讨论编程方法，如怎样编写汽车倒车程序，并画出思维导图。

④ . 思考与练习

研究在编程环节还能加哪些代码可以使最终效果更丰富多彩。

项目31 航天（上）

　　小乐和爸爸妈妈在家看新闻联播，电视中播放了火箭升空场景，电视机前的小乐被火箭点火的那一瞬间震撼了。小乐对火箭产生了浓厚兴趣，想用 3D 软件制作一个火箭。

任务 31.1 制作火箭

本次任务制作火箭，具体步骤如下。

31.1.1 制作思路

如果要搭建一枚火箭，可以先搭建火箭的底部，再搭建火箭的身体，再搭建火箭的顶部，再搭建火箭的助推器，最后改造火箭的外观，思维导图如图 31-1 所示。

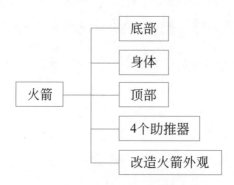

图 31-1 任务 31.1 思维导图

31.1.2 开始制作

根据思维导图，结合之前学的内容，可以自己先尝试制作。详细步骤如下。

1. 搭建火箭底部

创建新世界，开始搭建吧。

（1）打开 3D 编程软件 Paracraft，输入账号和密码，单击"登录"按钮，再单击"新建作品"按钮。

（2）在弹出的对话框中输入世界名称，选择"规模"和"平坦"地形，单击"确定"按钮。

（3）在工具栏选择"建造"模块，建造白色方块并垫高，如图 31-2 所示。

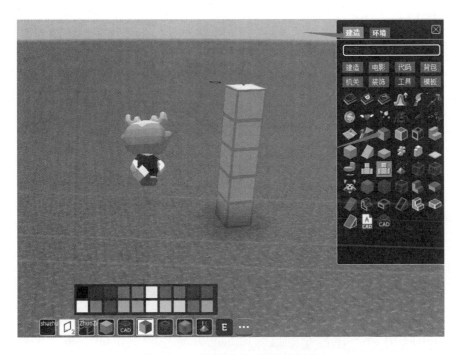

图 31-2　建造白色方块并垫高

（4）单击鼠标中键，将人物站在方块上面，如图 31-3 所示。

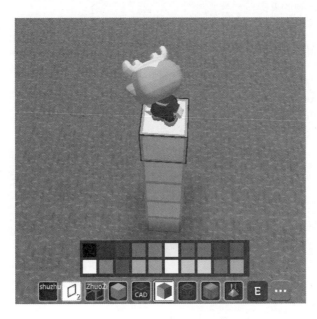

图 31-3　将人物站在方块上面

（5）按 / 键，在屏幕左下角弹出的对话框里输入 circle 5，其中 circle 是圆的意思，5 代表圆的直径。这里代表要建造的是一个直径为 5 的圆，如图 31-4 所示。

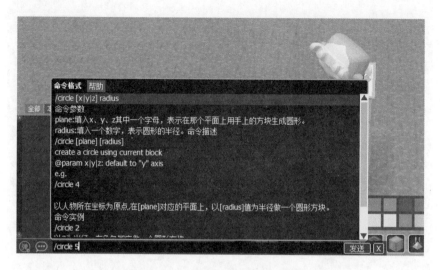

图 31-4　建造直径为 5 的圆

（6）用 Ctrl 键 + 鼠标左键选中所有的方块，向上拉伸，如图 31-5 所示。

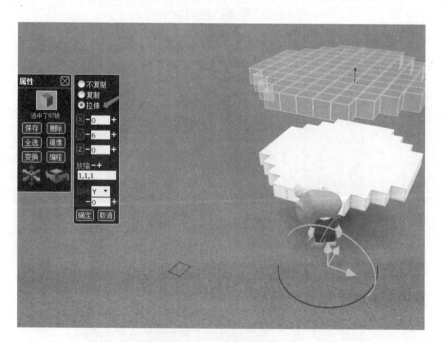

图 31-5　拉伸方块

（7）用 Ctrl 键 + 鼠标左键选中最上层的方块，单击彩色方块，选择蓝色，再次单击彩色方块，可以看到，它被替换成了蓝色，如图 31-6 所示。

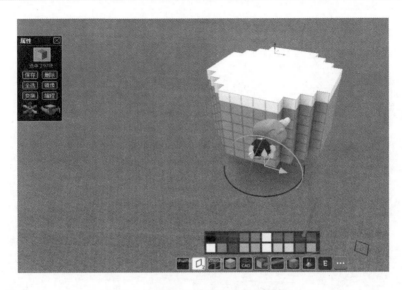

图 31-6 选择方块，改变颜色 1

② . 搭建火箭身体

（1）用 Ctrl 键 + 鼠标左键选中刚刚搭建的所有方块（垫高的 5 块除外），向上拉伸，如图 31-7 所示。

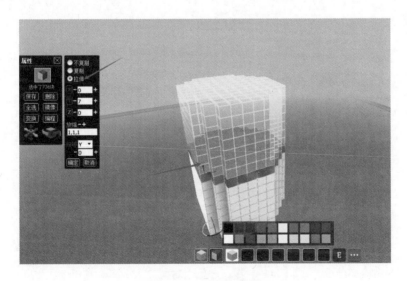

图 31-7 拉伸方块

（2）接图 31-5 所示继续拉伸，如图 31-8 所示。

③ . 搭建火箭顶部

（1）单击鼠标中键让人物站在最上层的蓝色方块上面，如图 31-9 所示。

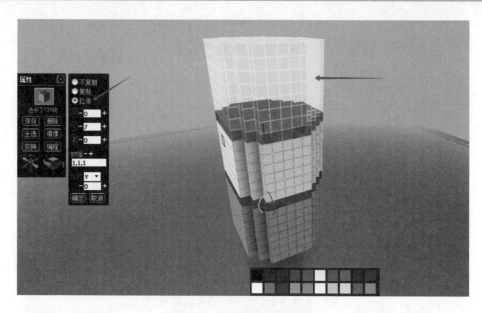

图 31-8　继续拉伸方块

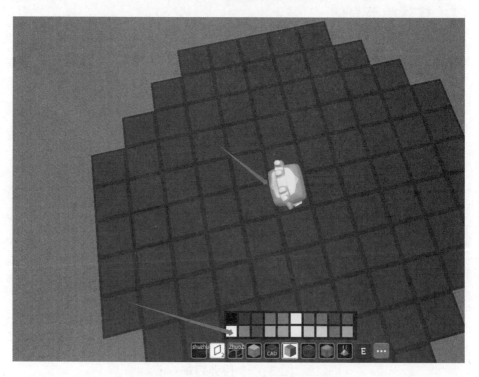

图 31-9　让人物站在蓝色方块上面 1

（2）按 / 键，在屏幕左下角弹出的对话框里输入 "/circle 4"，代表要建造一个直径为 4 的圆形，如图 31-10 所示。然后建造一个直径为 3 的圆形，如图 31-11 所示，以此类推，直到建造出直径为 1 的圆形为止。

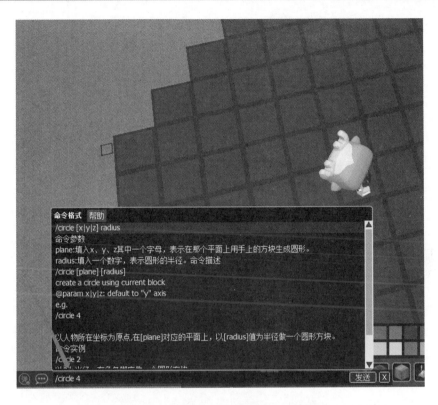

图 31-10 设置一个直径为 4 的圆形

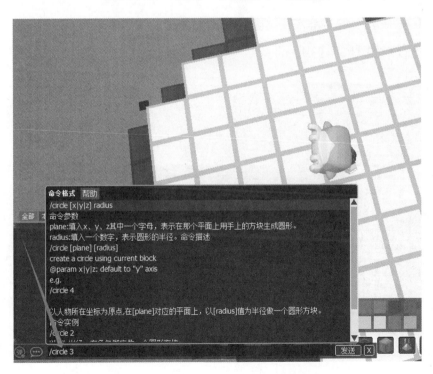

图 31-11 设置一个直径为 3 的圆形 1

（3）右击在直径为 1 的圆形上面直接加一个方块，如图 31-12 所示。

图 31-12　搭建一个方块

4. 搭建助推器

（1）按 / 键，在屏幕左下角弹出的对话框里输入 circle 3，建造一个直径为 3 的圆形，如图 31-13 所示。

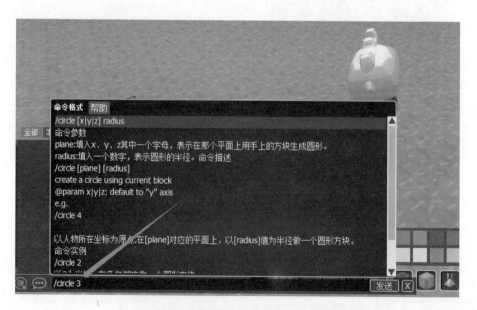

图 31-13　设置一个直径为 3 的圆形 2

（2）用 Ctrl 键 + 鼠标左键选中所有的方块，向上拉伸，如图 31-14 所示。

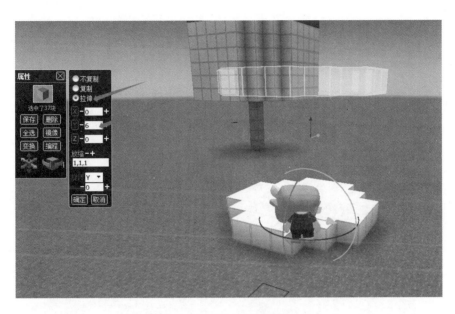

图 31-14　拉伸方块

（3）用 Ctrl 键 + 鼠标左键选中最上层的方块，单击彩色方块，选择蓝色，再次单击彩色方块，可以看到，它被替换成了蓝色，如图 31-15 所示。

图 31-15　选择方块，改变颜色 2

（4）单击鼠标中键让人物站在最上层的蓝色方块上面，如图 31-16 所示。

图 31-16　让人物站在蓝色方块上面 2

（5）在工具栏选择"建造"，找到白色方块，设置一个直径为 3 的圆形，如图 31-17 所示，以此类推，直到做到直径为 1 的圆形为止。

图 31-17　设置一个直径为 3 的圆形 3

5. 改造火箭的外观

（1）用 Alt 键 + 鼠标右键选中想替换的方块，将助推器的每一面都替换，如图 31-18 所示。

图 31-18　替换方块

（2）用 Ctrl 键 + 鼠标左键选中一整个助推器，利用"复制"指令创造一个和它一模一样的助推器，如图 31-19 所示。

图 31-19　复制 1 个助推器

（3）用 Ctrl 键 + 鼠标左键选中已有的两个助推器，利用"复制"指令再创造两个助推器，这样就有 4 个助推器了，如图 31-20 所示。

图 31-20　复制两个助推器

（4）用 Ctrl 键 + 鼠标左键依次选中其中一个助推器，利用"不复制"指令，如图 31-21 所示。将助推器挪到底部的四周，如图 31-22 所示。

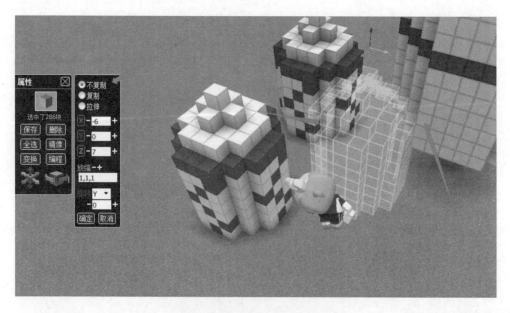

图 31-21　不复制助推器

图 31-22　挪动助推器

任务 31.2　扩展阅读：火箭知识

任务 31.1 已经完成了火箭的制作，那么怎么在火箭上加上红旗呢？

①. 在火箭上加上红旗

选中红色方块，用 Alt 键 + 鼠标右键选中想替换的方块来制作红旗，如图 31-23 所示。

②. 火箭发明

火箭是历史悠久的投射武器，中国古代的火箭就是现代"火箭家族"的鼻祖。早在南宋皇帝宋理宗的绍定（年号）五年（约公元 1232 年）宋军保卫汴京时便已用来对抗元军，后来火箭技术经由阿拉伯人传至欧洲。

图 31-23　选中红色方块

18 世纪，印度在对抗英国和法国军队的多次战争中，曾大量使用火箭武器，获得良好的战果。因此带动欧洲火箭技术的发展。

之后，又发展出精密的导引与控制系统，使火箭具有射程远、射速快、火力强、高震撼力与高命中率等特性，奠定了其在军事武器发展史上的地位。

现代火箭诞生自罗伯特·高达德，他将超音速的喷嘴装上液态燃料火箭引擎燃烧室。这种喷嘴将燃烧室中的热气体转成较冷的极超音速喷射气体，使推进力增加超过 2 倍，且巨幅地增加了效率。在此之前，早期的火箭因为热能随气体排放被浪费了，效率低下。

1920 年，高达德出版了 *A method of reaching extreme Altitudes*，这是在齐奥尔科夫斯基之后第一本认真讨论使用火箭在太空旅行的著作。这本书引起全世界的注意，同时获得赞赏与"嘲笑"，特别是在认为火箭可以到达月球的方面，《纽约时报》的社论甚至指控高达德欺骗世人，认为火箭在太空中不可能运作。

1923 年，赫尔曼·奥伯特发表了著作《飞往星际空间的火箭》。

1926 年 3 月 16 日，罗伯特·高达德在美国马萨诸塞州奥本镇发射了世界第一枚液态燃料火箭。20 世纪 20 年代，美国、奥地利、英国、捷克、斯洛伐克、法国、意大利、德国及俄国相继出现研究火箭的组织。20 世纪 20 年代中期，德国科学家开始实验能到达高空及长距离的液态推进火箭。一群业余火箭工程师在 1927 年组成德国火箭学会，而在 1931 年发射了一枚液态推进火箭（使用氧气和汽油）。

1931—1937 年，最大规模的火箭引擎设计发生在列宁格勒的气体动力实验室。在充足的资金和良好的人员经营下，Valentin Glushko 领导制出 100 枚实验性火箭。这项工程包含了再生冷却，自燃点火以及包括旋转及双推进混合设计的喷油器。然而，这项工程由于 Glushko 1938 年被逮捕而遭到挫折，同时奥地利教授 Eugen Sanger 也进行了相似但较小规模的工作。

1932 年，威玛防卫军（1935 年后改称德意志国防军）开始对火箭技术感兴趣，由于《凡尔赛条约》火炮禁令限制德国取得长程武器，当德国近卫军看到了使用火箭可作为长程火炮的可能性后，开始资助德国火箭学会，但发现他们的目标纯粹只限于科学后，便创建属于防卫军所有，以赫尔曼·奥伯特为领导的研究团队。在军队领导人的命令下，当时有强烈抱负理想的年轻火箭科学家冯·布朗与二位前火箭学会的成员加入了军队，共同研发出了纳粹德国用于二次大战长程武器，尤其是后来声名大噪的 V2 火箭的前身 A 系列火箭。

1943 年开始，V2 火箭开始制造。V2 火箭拥有 350km 的作战距离以及搭载 1000kg 阿玛图炸药弹头，此载具与现代火箭已较相似；有涡轮帮浦，惯性导引装置及其他许多特性。虽然无法拦截它们，但 V2 火箭无法准确描准军事目标。

第二次世界大战结束时，俄国、英国及美国军事及科学人员竞相从佩内明德的德国火箭计划获取火箭技术及训练有素的人员。俄国和英国获得了一些成果，但美国从中获益最多；美国获得了大批德国科学家，将他们带回美国作为“回纹针行动”中部分成员。原来设计攻击英国的相同火箭被这群科学家用来发展新技术的载具。V2 火箭变成美国红石火箭,用于早期太空任务。战后，火箭被用作研究高海拔环境，无线电遥测温度及气压，侦测宇宙射线及其他研究。这些研究在冯·布朗及其他人大力推动之下持续进行。

另一方面，苏联的火箭研究在科罗廖夫的领导下加速进行。在来自德国技术人员的协助下，V2 火箭被复制及改进成 R-1、R-2 及 R-5 飞弹。原德国的设计在 20 世纪 40 年代晚期被放弃，而这些德国工作人员被遣送回国。由 Glushko 建造的新系列引擎及基于 Aleksel Isaev 的发明形成了最初的洲际飞弹 R-7 弹道飞弹。R-7 发射了第一颗卫星，第一个太空人及第一个月球探测器及行星际探测器，直到今天还在使用。这些火箭吸引了高层政治人物的注意力，投注更多经费于研究中。

当大众了解到火箭变成核武器的发射平台，而搭载这些武器的火箭载具基本上在发射后就无法防御后，火箭以洲际导弹的形式在军事上变得极端重要。

由于冷战，20 世纪 60 年代成了火箭科技极迅速发展的时代，包括苏联（东方号、联合号、质子号）及美国（X-20 飞行器、双子星号）以及其他国家的研究，如英国、日本、澳大利亚等。最终导致 20 世纪 60 年代末的土星 5 号载人登陆月球，使《纽约时报》收回认为太空任务不可能成功的社论。

 ## 任务 31.3　总结与评价

先分组进行总结，分别说出制作过程及体会，写出书面总结。再互相检查制作结果，集体给每一位同学打分。

1. 任务完成调查

任务完成后，不但要进行成果展示，还要进行总结和讨论，总结采用口头总结和书面总结两种形式，口头总结是提高口头表达的好方法，书面总结是提高书面表达的好方法，两者不可偏废。

②. 行为考核指标

行为考核指标，是为做人做事设定的条款，主要进行德育培养，采用批评与自我批评、自育与互育相结合的方法。采用自我考核和小组考核后班级评定方法。班级每周进行一次民主生活会，就自己的行为指标进行评价。

③. 集体讨论题

集体讨论火箭制作方法，并画出思维导图。

④. 思考与练习

研究制作火箭还能用哪些方法，使用新方法后做出的效果有哪些改观。

项目 32 航天（下）

项目 31 完成了火箭的制作，本项目制作让火箭升空的场景。

任务 32.1　制作火箭升空

本次任务编写程序让火箭飞上太空，让火箭发射更加生动有趣。

32.1.1　制作思路

如果要制作火箭升空，先要理顺思路，即先要生成火箭 bmax 模型，再编写程序，确定的思维导图如图 32-1 所示。

图 32-1　任务 32.1 思维导图

32.1.2　开始制作

根据思维导图，结合之前学的内容，可以自己自由制作。下面提供一种制作步骤及详细解释供参考。

1. 将火箭生成 bmax 模型

在生成 bmax 模型前，需要先进入项目 31 搭建的世界。

（1）打开 3D 编程软件 Paracraft，输入账号和密码，单击"登录"按钮。

（2）找到项目 31 创建的世界——火箭升空，单击"进入"按钮，如图 32-2 所示。

（3）用 Ctrl 键 + 鼠标左键全选整个火箭，在左边弹出的"属性"窗口选择"保存"，如图 32-3 所示。在"导出"属性栏选择"保存为 bmax 模型"，如图 32-4 所示。在"输入窗"输入文件名称"火箭"，单击"确定"按钮，如图 32-5 所示，火箭的 bmax 模型就保存好了。

图 32-2　进入世界

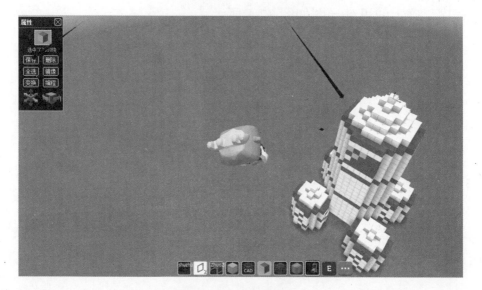

图 32-3　全选火箭

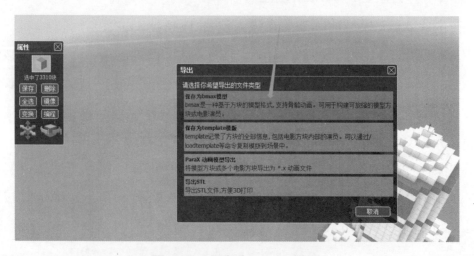

图 32-4　保存为 bmax 模型

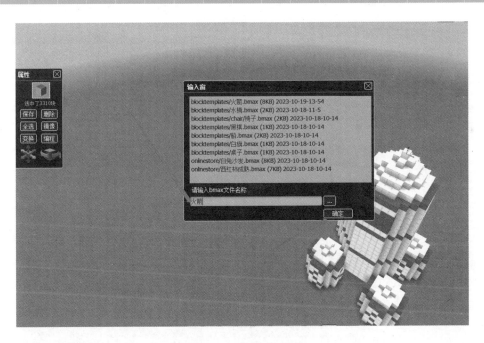

图 32-5　修改文件名

② **编写火箭升空的程序**

（1）按 E 键打开工具栏，选择"代码"模块，选择代码方块，找到教室一个角落，右击放置，如图 32-6 所示。

图 32-6　放置代码方块

（2）找到刚刚保存的火箭模型，如图 32-7 所示。然后单击左下角"动作"，选择"大小"，如图 32-8 所示。

图 32-7　选中保存的火箭模型

图 32-8　切换动作

（3）拉动任意一根坐标线将火箭调整至合适大小，如图 32-9 所示。

（4）切换到"代码"模块，选择"图块"，如图 32-10 所示。

（5）想让火箭旋转起来，需要找到旋转代码，改变 Y 坐标，让它旋转 90°，再找到位移代码，将蓝色区域，即 Y 坐标改成 1，让它上升 1 步，添加重复指令，让它一直旋转上升，如图 32-11 所示。

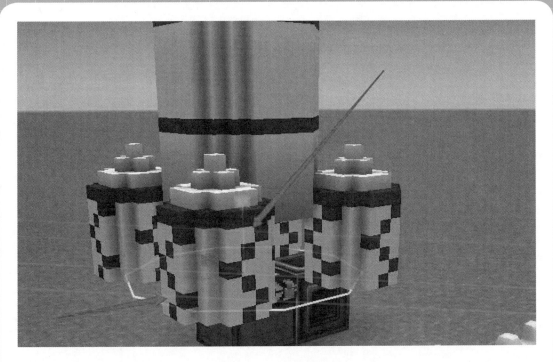

图 32-9　拉动坐标线

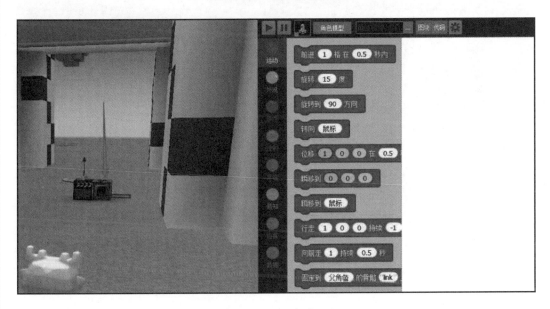

图 32-10　选择图块

（6）按 E 键打开工具栏，选择"代码"模块，选择拉杆，将其放在代码方块旁边，当作一个开关，如图 32-12 所示。

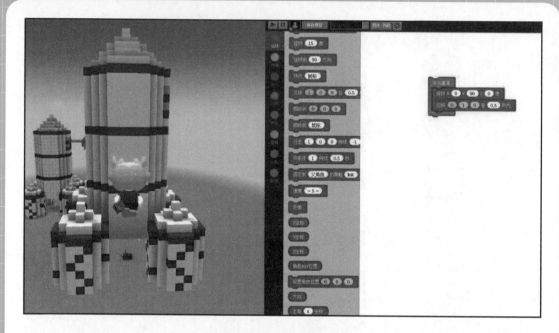

图 32-11　编写程序

图 32-12　添加拉杆

任务 32.2　扩展阅读：中国航天

中国发展航天事业的宗旨是：探索外太空，扩展对地球和宇宙的认识；和平利用外太空，促进人类文明和社会进步，造福全人类；满足经济建设、科技发展、国家安全和社会进步等方面的需求，提高全民科学素质，维护国家权益，增强综合国力。中国发展航天事业贯彻国家科技事业发展的指导方针，即自主创新、重点跨越、支撑发展、引领未来。

1. 中国航天发展简史

中国航天事业起始于 1956 年。中国于 1970 年 4 月 24 日发射第一颗人造地球卫星，是继苏联、美国、法国、日本之后世界上第 5 个能独立发射人造卫星的国家。

2021 年 6 月 17 日 9 时 22 分，中国神舟十二号载人飞船发射，飞行乘组由航天员聂海胜、刘伯明和汤洪波三人组成。10 月 17 日，航天发射次数一年内"首次突破 40 次"。2021 年执行了 55 次发射任务，数量位居世界第一。12 月 13 日，"2021 年度中国媒体十大流行语"发布，"中国航天"位列其中。

北京时间 2023 年 12 月 30 日 8 时 13 分，我国在酒泉卫星发射中心使用长征二号丙运载火箭，成功将卫星互联网技术试验卫星发射升空，卫星顺利进入预定轨道，发射任务获得圆满成功。

自北京时间 2024 年 4 月 26 日顺利进驻空间站组合体以来，神舟十八号航天员乘组已在轨陆续开展了一系列空间科学实验，并完成了新一轮的舱外暴露实验和无容器材料实验装置维护等工作。

2. 卫星分类

人造卫星分为技术卫星、通信卫星、科学卫星、侦察卫星、气象卫星、资源卫星等。

（1）技术卫星。技术卫星又称为技术试验卫星，是进行新技术试验或为应用卫星进行试验的卫星。人造卫星在发射之前须经过一系列地面试验，但为了更加全面地考验卫星的技术性能，还必须把卫星发射上天加以验证，技术稳定了才能正式应用。

（2）通信卫星。通信卫星是作为无线电通信中继站的卫星。它像一个国际信使，收集来自地面的各种"信件"，然后再"投递"到另一个地方的用户手里。由于它"站"在 36000 千米的高空，所以它的"投递"覆盖面特别大，一颗卫星就可以负责 1/3 地球表面的通信。如果在地球静止轨道上均匀地放置 3 颗通信卫星，便可以实现除南北极之外的全球通信。当卫星接收到从一个地面站发来的微弱无线电信号后，会自动把它变成大功率信号，然后发到另一个地面站，或传送到另一颗通信卫星上后，再发到地球另一侧的地面站上，这样，就收到了从很远的地方发出的信号。

（3）科学卫星。科学卫星又称为科学探测卫星，是用来进行空间物理环境探测的卫星。它携带着各种仪器，穿行于大气层和外层空间，收集来自空间的各种信息，使人们对宇宙有了更深的了解，为人类进入太空、利用太空提供了十分宝贵的资料。世界各国最初发射的卫星多是这类卫星或是技术试验卫星。

（4）侦察卫星。侦察卫星就是窃取军事情报的卫星，它站得高看得远，既能监视又能窃听，是个名副其实的超级间谍。侦察卫星利用光电遥感器或无线电接收机，搜集地面目标的电磁波信息，用胶卷或磁带记录下来后存贮在卫星返回舱里，待卫星返回时，由地面人员回收。或者通过无线电传输方法，随时或在某个适当的时候传输给地面的接收站，经光学、电子计算机处理后，人们就可以看到有关目标的信息。

（5）气象卫星。天气怎么样？这是人们经常要问的一个问题。可是用地面气象台、气球、飞机乃至火箭等去观察天气有很大局限性，而且地球上有80% 的地区无法用上述工具去观测，于是气象卫星大显身手。气象卫星是对地球及其大气层进行气象观测的人造地球卫星，具有范围大、及时迅速、连续完整的特点，并能把云图等气象信息发给地面用户。气象卫星的本领来自它携带的气象遥感器。这种遥感器能够接收和测量地球及其大气的可见光、红外与微波辐射，并将它们转换成电信号传送到地面。地面接收站再把电信号复原绘出各种云层、地表和洋面图片，进一步处理后就可以发现天气变化的趋势。

（6）资源卫星。资源卫星是勘测和研究地球自然资源的卫星。它能"看透"地层，发现人们肉眼看不到的地下宝藏、历史古迹、地层结构，能普查农作物、森林、海洋、空气等资源，预报各种严重的自然灾害。资源卫星利用星上装载的多光谱遥感设备，获取地面物体辐射或反射的多种波段电磁波信息，然后把这些信息发送给地面站。由于每种物体在不同光谱频段下的反射不一样，地面站接收到卫星信号后，便根据所掌握的各类物质的波谱特性，对这些信息进行处理、判读，从而得到各类资源的特征、分布和状态等详细资料，人们就可以免去四处奔波，实地勘测的辛苦了。资源卫星分为两类：一是陆地资源卫星，二是海洋资源卫星。陆地资源卫星以陆地勘测为主，而海洋资源卫星主要是寻找海洋资源。

3. 嫦娥六号

2024 年 5 月 3 日，搭载嫦娥六号探测器的长征五号遥八运载火箭，在中国文昌航天发射场点火发射，准确进入地月转移轨道。5 月 8 日 10 时 12 分，成功实施近月制动，顺利进入环月轨道飞行。6 月 2 日 6 时 23 分，嫦娥六号探测器着上组合体成功着陆月背南极 - 艾特肯盆地的预选着陆区。

 ## 任务 32.3　总结与评价

先分组进行总结，分别说出制作过程及体会，写出书面总结。再互相检查制作结果，集体给每一位同学打分。

1. 任务完成调查

任务完成后，不但要进行成果展示，还要进行总结和讨论，总结采用口头总结和书面总结两种形式，口头总结是提高口头表达的好方法，书面总结是提高书面表达的好方法，两者不可偏废。

2. 行为考核指标

行为考核指标，是为做人做事设定的条款，主要进行德育培养，采用批评与自我批评、自育与互育相结合的方法。采用自我考核和小组考核后班级

评定方法。班级每周进行一次民主生活会，就自己的行为指标进行评价。

3. 集体讨论题

集体讨论制作航天飞机模型的过程，并画出思维导图。

4. 思考与练习

研究在编程环节还能对代码作哪些修改，使最终效果更好。